esri

HYDRAULIC MODELING and GIS

水力建模与地理信息系统

罗莉·阿姆斯特朗（Lori Armstrong）主　编
邓培雁　徐海升　译

U0891443

中山大学出版社
SUN YAT-SEN UNIVERSITY PRESS
·广州·

Hydraulic Modeling and GIS / by Lori Armstrong / 9781589483019

出版外国图书合同登记号：19-2014-075 号

图书在版编目（CIP）数据

水力建模与地理信息系统/（美）阿姆斯特朗（Armstrong，L.）主编；邓培雁，徐海升译．—广州：中山大学出版社，2014.6

ISBN 978－7－306－04802－8

Ⅰ．①水…　Ⅱ．①阿…②邓…③徐…　Ⅲ．①地理信息系统—应用—水利工程—系统建模—研究　Ⅳ．①TV－39

中国版本图书馆 CIP 数据核字（2014）第 006873 号

出 版 人：徐　劲
策划编辑：周建华　杨文泉
责任编辑：杨文泉
封面设计：曾　斌
责任校对：钟永源
责任技编：何雅涛
出版发行：中山大学出版社
电　　话：编辑部 020－84111996，84113349，84111997，84110779
　　　　　发行部 020－84111998，84111981，84111160
地　　址：广州市新港西路 135 号
邮　　编：510275　　　　传　真：020－84036565
网　　址：http://www.zsup.com.cn　　E-mail:zdcbs@mail.sysu.edu.cn
印 刷 者：广州家联印刷有限公司
规　　格：787mm×1092mm　1/16　7.5 印张　123 千字
版次印次：2014 年 6 月第 1 版　2014 年 6 月第 1 次印刷
定　　价：30.00 元

如发现本书因印装质量影响阅读，请与出版社发行部联系调换

译者的话

正如本书介绍的，地理信息系统和水力建模精心集成的系统，将为自来水厂等公用事业单位，在故障分析、维修和更换规划设计等方面节约大量的时间和成本。同时两个系统的集成也是富有挑战性的工作，本书从 GIS 和水力建模集成应用优势，二者间的集成方法，如何保障管网连通性以及集成维护策略等进行了详细阐述。本书期望能够为公用事业单位、工程、业务及建模等技术人员提供参考。由于译者水平有限，不免存在一定的错误，敬请批评指正。

感谢刘威、刘翔、陈仲晗、张婉、黄小追、盛萧、王丽、费世东、高静思、邱宗旭、王旭涛、黄少峰等对译稿进行整理和校对。

本书的出版得到公益性行业科研专项（NO：201301047）的资助。

致　谢

在本书的创作过程中，许多人都起到了重要的作用。Judy Hawkins 是本书的组稿编辑，她帮忙指导我们整理手稿，并将不同篇章整合到一起。Arthur Gelmis 非常干练地编辑了文字。美国环境系统研究所公司（ESRI）的总裁 Jack Dangermond，给予了我们灵感，使我们认识到 GIS 技术的重要性和无限的潜力。IDModeling，Black & Veatch 和 DHI 的工作人员，非常慷慨地分享了他们的见解和经验。美国水务工程协会（American Water Works Association）很友好地允许我们使用其以前出版的资料。

我们感谢以下审稿人，他们在百忙中抽出时间审稿，并为我们提出了富有建设性的建议：

Will Allender, Colorado Springs Utilities, Colorado Springs, Colorado

Gaye Louise Belles, City of Richardson, Texas

Michael Brown, Las Virgenes Municipal Water District, Calabasas, California

Gini Connolly, City of Hurst, Texas

Jerry Cordova, City of Fountain Utilities, City of Fountain, Colorado

Elizabeth Degironimo, Mohawk Valley Water Authority, Utica, New York

Patrick Delaney, DHI Group, Kitchener, Canada

Ali Diba, Spatial Wave, Laguna Hills, California

Nelson Esquivel, Freese and Nichols Inc., Fort Worth, Texas

Guru Ganesarethinam, Esri, Redlands, California

Shannon Geegan, WachsWater Services, Buffalo Grove, Illinois

Noel Gonsalvez, HDR, Omaha, Nebraska

Erick Heath, Innovyze, Arcadia, California

Paul Hsiung, Innovyze, Arcadia, California

Mazen Kawasmi, Freese and Nichols, Inc., Fort Worth, Texas

Mark Khodash, American Water Service Company, Voorhees, New Jersey

Dina Knight, The Baton Rouge Water Works Company, Baton Rouge, Louisiana

Peter Kraft, Denver Water, Denver, Colorado

David Krenek, City of Fountain Utilities, City of Fountain, Colorado

Dennis McGrath, Eugene Water and Electric Board, Eugene, Oregon

Rebecca McKinley, Sanitary District of Hammond, Hammond, Indiana

Tina Miller, Anchorage Water and Wastewater, Anchorage, Alaska

Jeroen Olthof, HDR, Omaha, Nebraska

Michael Pulley, Eugene Water and Electric Board, Eugene, Oregon

Lanier Stevens, SRP Inc., Tempe, Arizona

Sirinivas Suryanarayanaiah, Esri, Redlands, California

Dean Trammel, Tucson Water Department, Tucson, Arizona

Haritha Vendra, DCSE Inc., Laguna Hills, California

我们以最真挚的谢意，感谢每天和我们一起共事，并使用 GIS 和水力建模的供水和废水管理者、模型建造者、工程师和分析师。没有他们的支持和专业知识，我们不可能完成此书。

前　言

为了实现地理信息系统（GIS）和水力模型之间的实时集成，公用事业公司已经为此努力了许多年。如今，GIS技术已相当成熟，足以适应水力建模数据。这在过去一直是很繁琐的，而且有时候在结构方面又不兼容。近年来，随着信息管理技术的进展，相关组织机构可以将传统上相互独立的工具进行集成，从而节省时间和成本。本书为您提供了这方面最好的实践方法。这些方法可以真正地实现这两个系统之间的集成。

GIS和水力建模是具有互补性的技术，两者的集成使得每个系统都更有价值。水力建模的结果，可以移植到GIS中，实现对关键业务数据的迅速访问，支持故障风险分析、维修和更换、容量分析、资本改善规划，以及其他的许多应用。优化集成的关键是确保这两个系统之间准确、高效的通信。

为创建基于地理空间的建模解决方案，本书阐述了充分利用GIS数据所需的步骤和存在的挑战。这未必是提供了成功的秘诀。因为，成功需要投入，以及GIS与工程、业务、建模人员之间的协作。本书所提供的信息，意在引导公用事业单位开发可持续的水力模型。这样就将减少手工工作来进行维护，从而腾出人力和资源以解决现实问题。

第 1 章提供了入门知识，使读者了解 GIS 与水力模型集成的传统方法和可持续的方法。还探讨了公用事业单位从 GIS 数据开发水力模型时，要考虑的各种水力模型结构。此外，第 1 章还介绍了几种 GIS 和水力模型应用，它们均受益于一个集成的水力模型。

第 2 章在概念层面上讨论了理想的 GIS 和水力模型集成方法。此外，本章针对维护 GIS 的特征要素，例如阀门、接头、管道、水泵、水井、沙井，以及用于水力模型建设与日常维护的其他水和污水处理功能，向读者提供了建议。

第 3 章探讨了管网连接的重要性，讨论了几种常见的连接问题，以及如何使用 GIS 提供的工具，以及以 GIS 为中心的水力建模软件所提供的工具来解决存在的问题。

第 4 章，针对公用事业单位在启动一体化集成的进程时所面临的共同挑战，为读者提供了解决方案，如冲突的策略、保持唯一的 ID、处理 GIS 中的缺失信息或者额外信息、不兼容的特征要素类型和其他问题等。

第 5 章探讨了几种水力模型维护策略，并探讨了如何利用以 GIS 为中心的水力建模软件，最大限度地减少或者消除手工维护工作的需要。

目　录

第 1 章

地理信息系统与水力建模集成的优点

对于供水和污水处理公用事业公司来说，GIS（地理信息系统）最初的主要功能是用来为固定资产绘制地图。然而，GIS 远非一个绘制地图的应用程序，它提供了一套更广泛的工具，可用于空间分析和数据管理。而且，当 GIS 和水力模型集成后，可以提供巨大的业务优势。水力学分析，如系统容量的确定、假定分析场景的开发、资本改善的规划，通常都是独立于 GIS 而执行的，而且往往没有采用最新的资产细目表。GIS 和水力模型的集成，可为规划者和技术人员提供更可靠的、最新信息的访问，使得公用事业单位可以最大限度地利用他们所投资的 GIS。这些系统的集成，提供了最新的信息，缩短了响应时间，使所有的 GIS 工具和功能都可获得建模要素和数据。GIS 应当成为任何水力建模工作的一个重要组成部分。当评估存在不足时，以及评估对潜在发展的服务、水质和运行情况时，使用最新的精确 GIS 数据，可为规划者和操作人员提供更加可靠的信息。建模人员和 GIS 工作人员之间紧密的工作关系，可促进更加稳健的模型分析。

从过去的历史来看，水力模型每隔几年就要重建一次，并且常常需要较长的时间间隔。这种时间间隔取决于当时的需要（例如，总体规划项目或者管道选型研究）。重建水力模型的工作是有必要的，但却是一个非常耗时的过程，这是因为在总体规划项目中，往往缺少持续的模型维护。在 GIS 集成取得重大进展之前，GIS 对水力建模的支持，主要包括获取对 GIS 数据库的快照，用来表示资产清查的基础，并用于模型构建和水力分析。由于水力模型越来越复杂，而且现在使用得更加频繁，公用事业单位正在更频繁地采用最新的 GIS 信息，以努力找出最经济有效的方法，逐步更新他们的模型。

1.1 GIS 和水力模型之前的分离

在过去，用于配水系统或者集水系统的 GIS 数据库，主要是充当地上和地下资产的空间信息库，以及对这些资产绘制地图和进行管理的空间信息库。对于 GIS 和信息技术经理、水力模型建模人员来说，为了支持水力建模而直接使用 GIS 数据库，通常不是最重要的优先事项。因为，绝大多数水利分析软件是单独使用的，或者是作为计算机辅助设计（CAD）数据源。GIS 数据库和水力建模数据库之间的分离，还根源于终端用户优先级的差异。GIS 分析师和自来水公司的工程师，绝大多数想详细了解各个设施的类型和所在位置——即“是什么类型”和“在哪里”。另一方面，水力模型建模人员则很少关心这些细节（主要是受软件的限制)。他们最想了解管网连接、运行控制、水流状态——即“如何”和“为什么”。GIS 数据通常是持续更新的，而水力模型则更多使用快照方法（有时是每年，有时是每半年进行一次更新）。

对于水力建模来说，这些差异已经带来了数据管理方面的挑战。虽然 GIS 数据库包含有管网的绝大多数最近的完整表示，但是许多的管网连接、泵站和运行数据，仅适用于旧的水力模型。对于使用哪个数据源，以及重新编译和再次精选模型数据，建模者面临着进退两难的困境（图 1－1）。有时，还会存在几个版本的水力模型，这使得更新过程更加复杂。

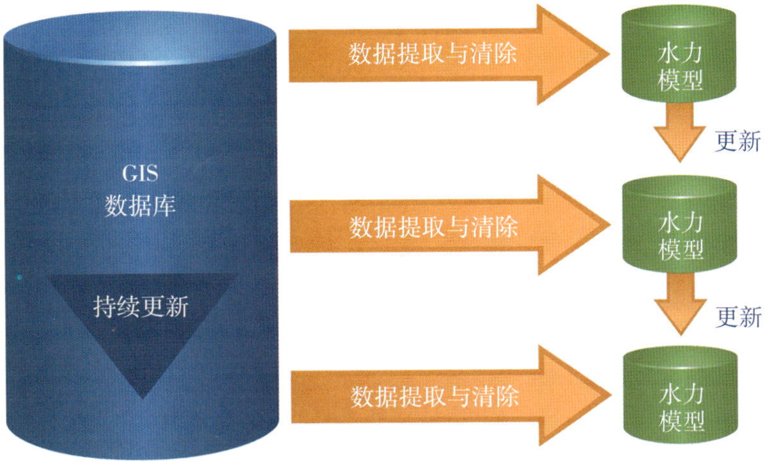

图 1－1　日新月异的 GIS 数据库和重复性的水力模型建设，这两者之间传统的数据划分，使得为了支持很少进行的水力建模，必须进行重复的数据提取与清除和模型构建。而且，这还需要在更新后的 GIS 和先前的水力模型之间进行数据迁移。创建者为 Black & Veatch 公司的 Edward Koval，Paul Ginther，Adrianne Black，Jerry Edwards 和 Brian Lendt

1.2　GIS 和水力建模的集成

GIS 和水力建模的集成，是使新元素、更新的元素和废弃的元素，在 GIS 数据库和水力模型之间进行协调同步的一个过程。在过去的几年里，已经开发出以 GIS 为中心的水力建模软件。这为两个系统的可持续集成，打开了一扇新的大门。在通常情况下，GIS 数据库比公用事业单位的水力模型可能内容要更加新一些。这是因为 GIS 支撑着各种各样的应用（测绘、规划、空间分析、资产管理等），而这需要立即响应式服务和当前的系统信息。传统上，水力模型是根据公用事业单位 GIS 的一个静态快照而开发的（往往是针对每隔几年的总体规划的目的，或者间歇进行的假设情景分析），并且很少进行更新。采用集成的方法后，可以消除至少是大大地减少艰辛的数据传输、清理和建模工作，因而可以更加频繁地进行水力模型的更新（见图 1－2）。考虑到系统的动态变化，为了得到一个可持续的、当前流行的水力模型，集成方法是必不可少的。

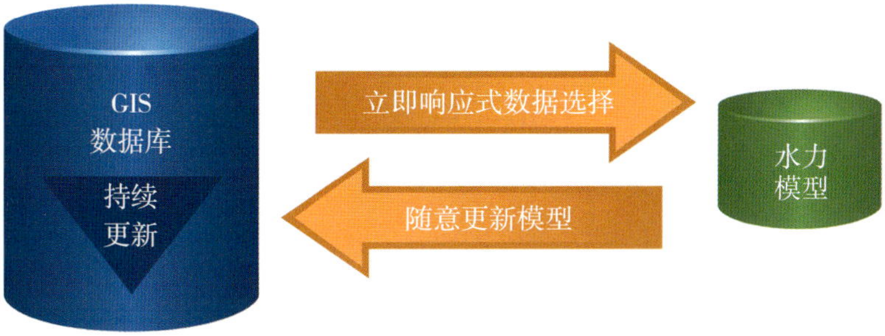

图 1－2　GIS 数据库和水力模型的集成。GIS 数据现成地可用于建模分析，选择的模型数据可以随意地迁移回到 GIS 中，用于将来的建模。创建者为 Black & Veatch 公司的 Edward Koval，Paul Ginther，Adrianne Black，Jerry Edwards 和 Brian Lendt

采用集成的方法，就无需手动地为水力模型和 GIS 数据库更新单独的数据集。反过来，这样可将水力模型建模者，从与物理实体管网每项变化相关联的数据研究和数据输入工作中解放出来。利用基于当前 GIS 的最新水力模型，将会产生更加可靠的信息，可以用于评估存在的不足、对潜在客户的服务、水质和运行等情况。以 GIS 为中心的水利建模应用，为解决维修问题提供了先进的工具。其他的运营和业务数据，在 GIS 中往往是可以利用的（或者可以通过 GIS 进行链接），例如客户投诉、爆管历史记录、运营数据，可以现成地提供给建模工程师进行审查。最后，模型结果可以很方便地带回到 GIS 中，以便进行更高级的分析和应用。图 1－3 说明了可持续性水力模型的生命周期。

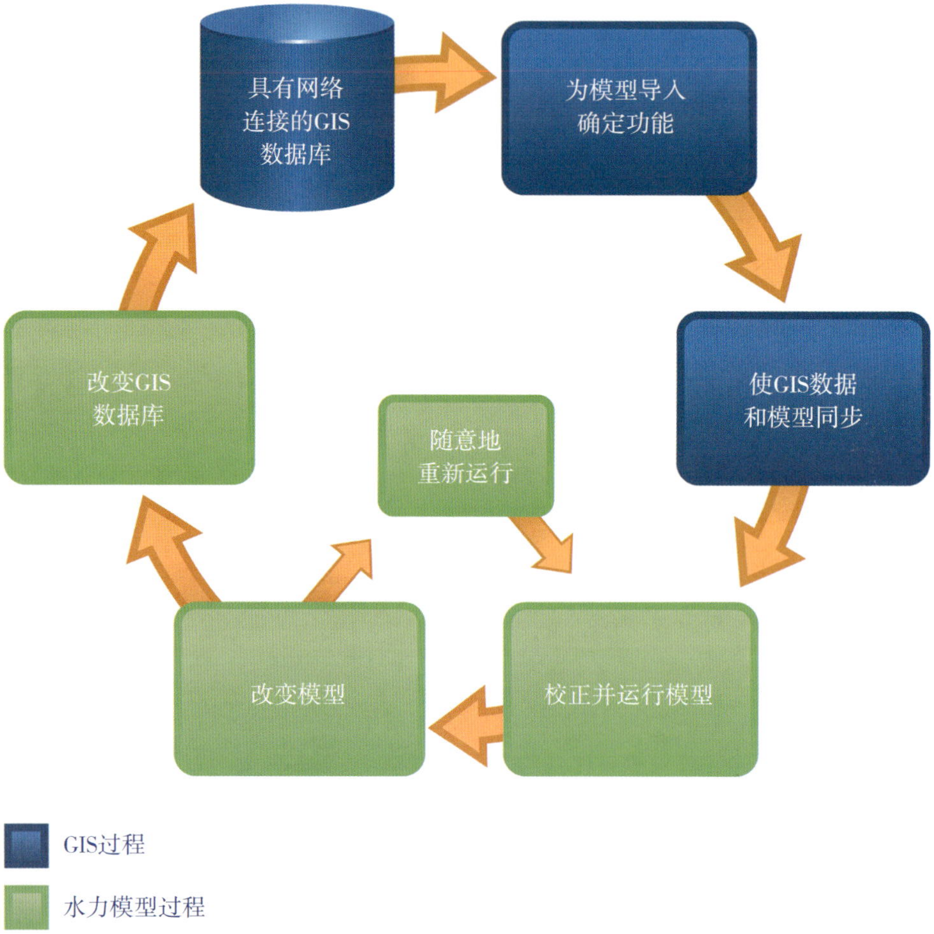

图 1－3　可持续性水力模型的生命周期。公用事业单位，可以从 GIS 或者从水力模型开始此周期。创建者为 Black & Veatch 公司的 Edward Koval，Paul Ginther，Adrianne Black，Jerry Edwards 和 Brian Lendt

1.3　选择水力模型结构

在构造水力模型之前，公用事业单位应该考虑，进行具体的建模操作时所需要的细节层次。在 GIS 中建立的细节层次，可能并不必要。除了它们的细节层次之外，模型还可以按照它们的要素——管道、水泵、阀门、水箱等——与 GIS 中相应的特征要素的匹配程度进行分类。下面的章节，描述了最常用的模型结构，并在下表中进行了总结。

表　水力模型结构

特　征	一对一		一对多	
	APV 模型	骨架模型	AP 模型	简化的骨架模型
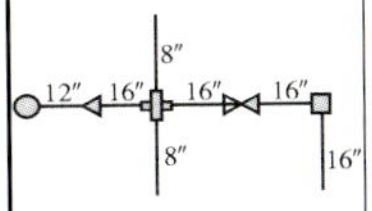	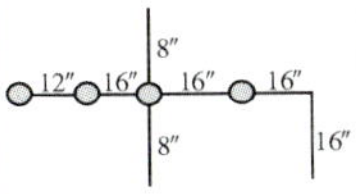	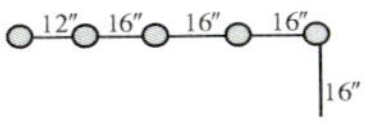	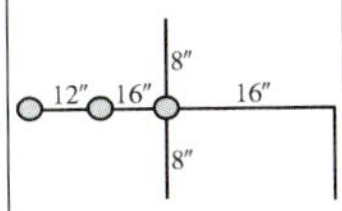	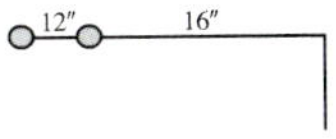
开发	真实的 1：1	1：1 经过骨架化处理	需要额外的步骤，以简化并从 GIS 创建关系	需要进行简化和骨架化，并由 GIS 创建关系

续上表

特　征	一对一		一对多	
	APV 模型	骨架模型	AP 模型	简化的骨架模型
维护	容易，新 GIS 的管道可以直接导入到模型中，而且旧的/废弃的管道可以移除或更换	容易，新 GIS 的管道可以直接导入到模型中	困难，必须开发一个意义明确的程序，用来维持并更新模型和 GIS 之间的关系	困难，必须开发一个意义明确的程序，用来维持并更新模型和 GIS 之间的关系
处理	慢	较快	较快	最快
模型引擎	大	小	小	小
磁盘空间	大	可变	小	最小
分　析				
IDSE 依从性	最好	或许	良好	或许
单向流量	最好	无	良好	无
消防流量	最好	受限	良好	受限
水质	最好	受限	良好	受限
水压不足	良好	良好	良好	良好
潜在的服务	良好	受限	良好	受限
调压	良好	受限	良好	受限
易于 GIS 集成	最好	良好	良好	受限

创建者为 Black & Veatch 公司的 Edward Koval，Paul Ginther，Adrianne Black，Jerry Edwards 和 Brian Lendt

1.3.1　全管阀（APV）模型

全管阀（all-pipes valve，APV）模型，保留了 GIS 数据的细节层次，并维持了单个 GIS 要素和它们在水力模型中相对应物之间的一对一关系。这里，没有涉及对 GIS 数据的缩减（或者骨架化）。由于管道和设施之类的要素，不需要移除或者修改，并且可以直接在水力模型和 GIS 之间相连接，因此建立 APV 模型所需的工作量比较低。然而，由于它们规模相当大，APV 模型往往需要花较长的时间来进行处理，并且比其他模型需要更多的数据存储空间。使用较大的模型，也可能会影响软件的许可要求。

APV 模型，最方便于自动化的水力模型维护程序，并可为例行的和频繁的维护计划提供最具成本效益的选项。所有的 GIS 特征要素在该水力模型中都得到了利用。由于它们的一对一关系，这样便于在 GIS 和水力模型之间更容易地进行交换。APV 模型还可以提供一个更好的系统表示，用于分析水质、消防流量和局部化的问题。

APV 模型具有如下优点：

（1）不需要减少、骨架化或者建立特殊的关系边（见第 3 章）。

（2）更易于维护和 GIS 数据库的一致性。

（3）最适合于初始配水系统评估（IDSE）、单向冲洗、消防流量分析、危害性分析、管路设计和水质分析。

（4）准确而且详细，便于简化校正和更好的决策。

APV 模型具有如下缺点：

（1）方案处理和需求分配较慢。

（2）对于较大的公用事业单位来说，需要大型模型文件存储空间（由于技术的进步，这一点没有过去那么值得关注）。

（3）在通常情况下，需要对额外的管道进行建模，这可能会增加水力建模软件的许可证费用；需要维护一致的拓扑结构和属性。

1.3.2 全管道（AP）模型

在一个全管道（all-pipe，AP）模型中，来自 GIS 的管道总长度，是图示性地表示的。然而，沿着管道的那些对水压无关紧要的阀门、管件和节点都是缺失的，而且沿着管道的那些具有相同管径、材质和安装日期的管段，都是被合并为一体的。因此，一个模型管段可能包括多个 GIS 管段，从而建立了水力模型和 GIS 之间的一对多的关系。减少节点的数目，合并具有相似特征的管道，需要额外的模型维护工作，但是和 APV 模型相比，却在总体上改进了计算。管道和节点的数量，通常可以减少 50% 或者更多。然而，简化后的 AP 模型，其缺点是和 GIS 之间的一对一关系不复存在。这可能需要更多深入的模型更新。然而，如果 GIS 参与到了具有复杂边的几何网络中（在下文中讨论），就仍然可以保持一对一的关系。许多水力建模软件供应商，在模型建立的过程中，考虑的是一对多的关系（见第 5 章）。这就使更新过程更精简。

在地理数据库、配水系统、集水系统内部，诸如管道、阀门、沙井和其他类似的特征要素，可以参与到几何网络中。这有助于维持网络特征要素之间的连通性（见第 3 章）。可以强制执行各种连接规则和性能，确保 GIS 的空间完整性，并且辅助水力模型的构建和更新。几何网络内部所谓的复杂特征要素，对于 AP 模型特别有用。在几何网络内部，线特征被称为“边”（图 1－4）。当线特征，如总水管，在地理数据库中被表示为一条复杂边时，它能够保持与一个交叉点特征要素（如阀门）的连接性，而且实际上不会被该点特征要素分隔开。一条复杂边基本上保留了点特征和线特征之间潜在的（或者逻辑上的）连接性，从而减少了在地理数据库中需要保持的特征要素之间个别管段的数量。在水力模型中，不需要保持 GIS 中的水阀。对于这种情况，复杂边是非常有用的。在模型构建过程中，参与到几何网络中的那些不需要被建模的 GIS 特征要素（例如，水阀或者自来水龙头），基本上可以被忽略不计，而不会影响模型连接和集成。

Water Mains

ID	Diam	type	geometry
e1	15	concrete	

Service Taps

ID	geometry
t1	
t2	

Edge Table

Feature Class	Feature ID	Sub-ID	Element ID
1	e1	1	10
1	e2	2	11
1	e3	3	12
2	h1	1	13
2	h2	1	14

Junction Table

Feature Class	Feature ID	Sub-ID	Element ID
3	t1	1	1
3	t2	1	2

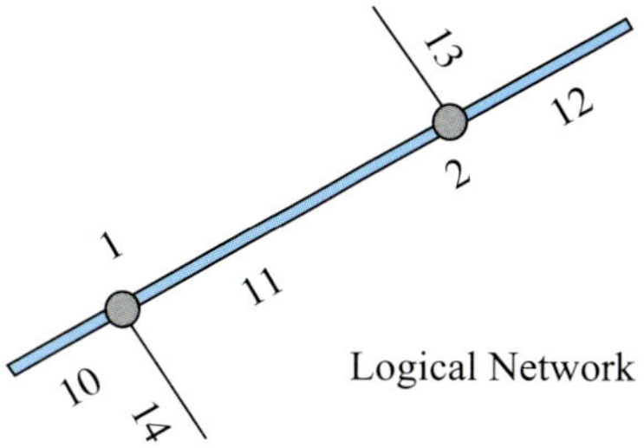

Connectivity Table

Junction	Adjacent Junction and Edge		
1	–,10	2,11	–,14
2	1,11	–,12	–,13

图 1－4　几何网络中的复杂边

1.3.3 骨架模型

骨架模型基本上表示了配水系统或者集水系统的主干，包括了管径超过特定值（通常为 12 英寸或者 16 英寸）的管段。它可能还包括管径较小，但水压很重要的总水管。由于骨架模型通常表示较大的管道，它们有时被称为“传输模型”。在骨架模型中的管道和 GIS 中相应的大型总管与设施之间，可以保持一对一的关系。由于配水系统中大多数的管道都是管径较小的总管，骨架模型所包括的管道，可能仅占到相同系统的 AP 模型或者 APV 模型中管道的 10% ～ 20% 。

1.3.4 简化的骨架模型

在简化的骨架模型中，具有同样特征的管道被精简，断断续续的节点也被清除。该模型代表了配水系统或者集水系统中，绝对数量最少和水压重要的管道和节点。它可能还包括，准确表示实际系统的水压所需要的小口径管道、设施（减压阀、压力安全阀等）、管道系统的死头区域和其他组件。在 20 世纪 90 年代，简化的骨架模型是标准的表示形式。当时的模型是由供水系统的纸质地图经过手工数字化而得到的，而且建模硬件和软件功能有限。自那时以后，许多公用事业单位已经过渡到使用更加详细的模型，以便更好地表示他们的配水系统。

1.3.5 选择模型

所有类型的水力模型结构，不论它们是包括所有的管道还是经过骨架化处理的管道，都可以链接到公用事业单位的 GIS。然而，某些结构可能更难以集成。例如，公用事业单位可能选择由其配水系统网络的 GIS 来构建一个简化的模型。在这种情况下，两个三通歧管之间的多个管段，将需要组合成一个具有共同特征（例如，材质、口径和/或者使用期）的管组。在水力模型和 GIS 之间，将需要建立起一对多的关系。这种配置将需要详细地了解模型和 GIS 之间的关系，以便准确地进行更新、增加或者删除特征（对于骨架模型，较大的总管和相关联的设施仍然可以维持一种一对一的关系；较小的管道和设施将被排除在建模分析之外）。

1.4　关于集水系统模型

配水系统及其相应的水力模型所提到的许多考虑事项也适用于废水和雨水系统，然而还存在一些差异。

因为模型细节的增加和计算时间步长的减小，在更大的系统中，往往必须要进行骨架化处理。如果因为建模的要求，使得不可能接受骨架化处理，在这种情况下，有时要使用区域化模型。区域化模型是覆盖系统子集的 AP 模型。区域化的骨架枝干模型，被用来为精细的模型提供边界条件。骨架化处理，要求对删除的要素产生的水力影响进行补偿。例如，如果为了合并管道而删除了沙井，那么在这些沙井处漏掉的水头损失，必须通过调整其他的属性来加以考虑。

另一个并发的复杂问题是，在很多情况下，管网的 GIS 表示并不包括管网特征要素（如拦河堰和水闸门）的水力细节。要么需要扩展 GIS 的内容，要么需要单独地维护此类信息。

和配水系统一样，集水系统建模往往需要和 GIS 中的其他数据集相连接，尤其是涉及雨水系统中的降雨径流。这往往需要关于土地利用、集水区域配置和数字高程的数据。有些信息可能会在该公用事业单位的资源之外进行维护，使得集成任务更具挑战性。

1.5 软件的考虑事项

行业领先的水力建模软件供应商，提供了各种各样以 GIS 为中心的解决方案。这些方案利用形状文件（shapefile）和地理数据库格式，作为水力模型空间组件的主要主存储库。例如，来自 Innovyze 公司（前身为 MWH 软件公司）的 InfoWater 软件（见图 1－5）和来自 Bentley 系统软件公司的给水管网建模与管理软件 WaterGEMS，二者都在一个地理数据库中维护所有的管道和几何节点（管件、消火栓、水箱、水库、水泵和阀门）。

MIKE URBAN 软件，是德国水文研究所（DHI）的产品，可同时用于配水系统和集水系统的建模。该软件利用美国环境系统研究所（ESRI）的地理数据库，作为所有属性的主存储器。该软件可以很容易地把原始 GIS 数据可视化，将其与相同地图中的模

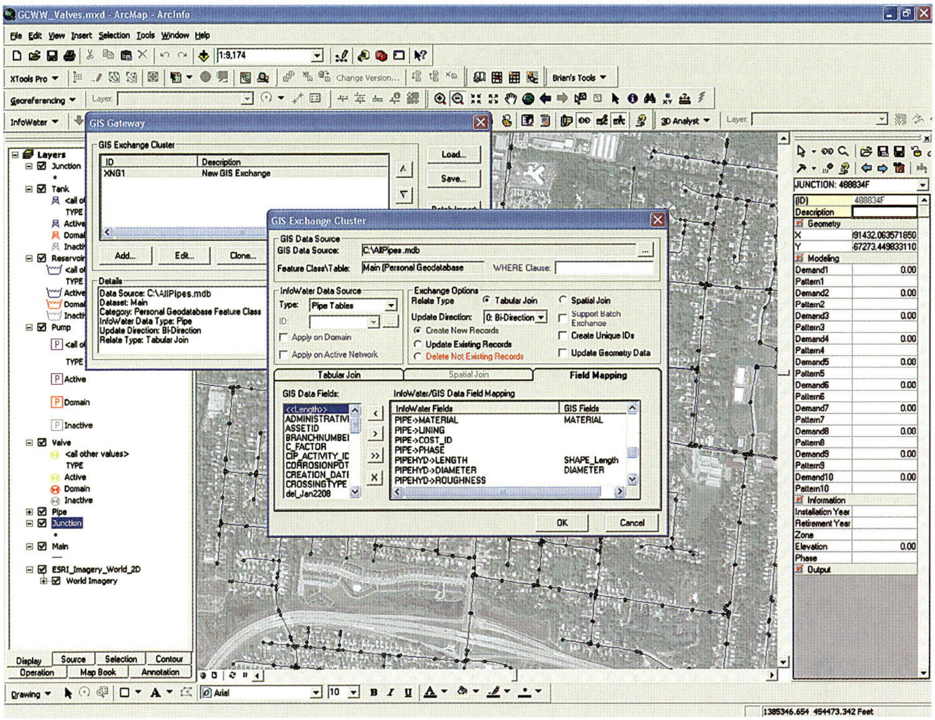

图 1 – 5　InfoWater 软件（Innovyze 公司）中的 GIS 网关工具，采用了 ArcGIS 桌面软件的 ArcMap 应用程序（ESRI）。创建者为 Black & Veatch 公司的 Edward Koval，Paul Ginther，Adrianne Black，Jerry Edwards 和 Brian Lendt；此图由 Innovyze 公司提供

型数据进行比较，并使用 GIS 工具来绘制两者的差异。然而，即使 GIS 和水力模型的存储格式是相同的（地理数据库），该数据仍然被复制出来。这是因为，所有的建模系统都需要有数据存在专有的数据结构中。建模工程师还必须使每个模型的静态版本数据运行起来，以防止模型校准过程中出现“目标移动”问题。因此，

即使以 GIS 为中心的模型使数据交换更容易，它们也无法消除在使两种表示同步的过程中涉及的逻辑挑战。

另一个并发的复杂问题在于数据对现实世界的描述方式和涉及的术语间的差异。例如，GIS 可能包含了地面高程和沙井深度的属性，而建模系统可能需要沙井内底的绝对高程。同样地，管道材料和类型之类的特性，在 GIS 和模型中可能以不同方式进行编码。当数据在 GIS 和模型之间移动时，程序必须在恰当的位置执行此数据转换。有些建模系统包含有此程序，使其成为导入/导出进程的一部分。如果没有的话，就必须创建自定义脚本。

如何能够实现简单明了的集成，可能取决于组织机构的考虑。有些公用事业单位运行的 GIS，可能基本上是履行第三方资产管理系统指定的数据结构。在其他情况下，数据所有权的问题，可能会阻止在 GIS 中增加和模型相关的信息，以及阻止用来自模型的信息自动更新 GIS。

不管地理空间数据的管理结构如何，大多数水力建模应用程序都提供了先进的工具，允许公用事业单位的 GIS 数据库和水力模型之间进行互操作。例如，Innovyze 公司的 InfoWorks WS 软件，包含有一个开放数据导入中心（Open Data Import Center）。它允许用户建立与 GIS 数据的直接链接，用于模型建立与更新。为了从 GIS 进行自动化的模型更新，InfoWorks WS 软件为每个要素都建立了身份（ID）记录——一个用于模型，一个用于 GIS。InfoWaters WS 软件包含有一个 GIS 网关工具，它可以用来使 GIS 特征要素与模型要素同步。因此，如果水力模型进行了属性或者几何改变（例如，管径或者排列准线改变），此修改可以自动反映到 GIS 数据库中。反过来，在 GIS 中所做的更改，也可以自动反映在水力模型中。例如，在 GIS 数据库中丢弃的管道和节点特征要素，在水力模型中可以自动识别并删除。此外，多个 GIS 特征要素类，如管件、消火栓和非运转阀，可以参与到水力模型的接合点或者节点要素层中，同时保持其在 GIS 数据库中单独的特征要素。这消除了导入模型前需要将几个 GIS 特征要素类合并到一个类中的需求。相同的基本原理，适用于德国水文研究所（DHI）的 MIKE URBAN 软件和其他几种应用程序（见第 5 章）。

1.6　用于配水系统的 GIS 应用

GIS 数据，已被广泛用于各种各样的水力模型开发与分析有关的应用程序中。传统上，在 GIS 中进行的这些分析，采用了导出的水力模型数据。然而，使用以 GIS 为中心的水力建模软件，可以不需要在水力模型和 GIS 之间来回导出模型数据。

1.6.1　需求分配

水力模型开发的初始步骤，通常涉及现有需求和未来需求的空间分配。随后，这些需求与峰值系数或者昼夜模式相结合，用于模拟随时间变化的用水情况。水需求层次，可以从各种 GIS 数据源获得。这些数据源的范围，包括了从实际计量的计费记录，到基于人口数据的人均估计值，到基于土地利用数据的每英亩估计值。不管数据源如何，该信息必须有一个空间分量，从而使需求可以分配到具体的水力模型节点或者管道。

在理想的情况下，现有的水需求量分配，是采用了绑定到给水管网系统具体点［最常见的是基于地块几何中心的（x，y）坐标位置、沿着街道中心线进行插值或者水表的 GIS 测量值］的用水计量数据。最常见的 GIS 用水需求分配方法，是点方法和区域方法。

（1）点方法。当前客户的计费数据，是绑定到仪表计量点、地块几何中心或者街道地址的，在空间上将耗水量和最近的节点或者管道联系起来。该方法对于已经建立的社区，效果良好。图 1－6 给出了一个实例，说明了地理编码的水表和分配到最近模型节点的每个水表的总需水量。

（2）区域方法。根据人口数据和土地利用数据，可以间接地得出用水的需求量。GIS 将各个土地用途，或者人口普查多边形区域的人口统计用水需求值和估计用水需求值以及在配水管网中的适当位置联系起来。在预测区域未来增长的用水量方面，该方法是非常有用的。

传统的需求分配，要利用 GIS 软件中的空间分析工具。然而，大多数以 GIS 为中心的水力建模应用程序，都包含有执行各种需求分配流程的工具。例如，MIKE URBAN，InfoWater，InfoWorks WS 和 WaterGEMS 等软件，都有分配流程，可以采用距离加权方法，将来自一个水表的部分需求分配给最近的模型管道或者节点。距离越近的节点，将会获得更大比例的需求量。

图 1－6　需求分配的点方法。创建者为 Black & Veatch 公司的 Edward Koval，Paul Ginther，Adrianne Black，Jerry Edwards 和 Brian Lendt

1.6.2　消防流量

消防流量分析，可协助公用事业单位的规划者，确定系统的容量是否满足现有的和规划土地利用的消防流量要求。采用水力建模软件，可针对特定的场景，将要求的消防流量分配到模型中的每个节点。具有消防流量数据的模型节点，可以被带入到 GIS

中，并和土地利用所需的最小消防流量进行比较。通过 GIS 进行简单的叠加，可以识别出不满足最低消费流量要求的区域。为了提供足够的消防能力，规划对配水系统修改时，该信息是非常有用的（见图 1-7）。

图 1-7　采用水力建模软件，可以针对特定的场景，将要求的消防流量分配到模型中的每个节点。照片来自 Shutterstock 网站，由摄影师 Johnny Habell 提供

风险分析工具，可以用来为具体的土地用途（医院、学校、高层建筑等），进行风险因子评分。通过消防流量数据，可确定具体的火灾风险。在为一个城市确定或者支持 ISO（保险服务办公室）评分时，该分析是非常有用的。基于可用的建模消防流量和由土地使用所得到的最低消防流量要求，图 1-8 给出了消防流量不足的一个实例。

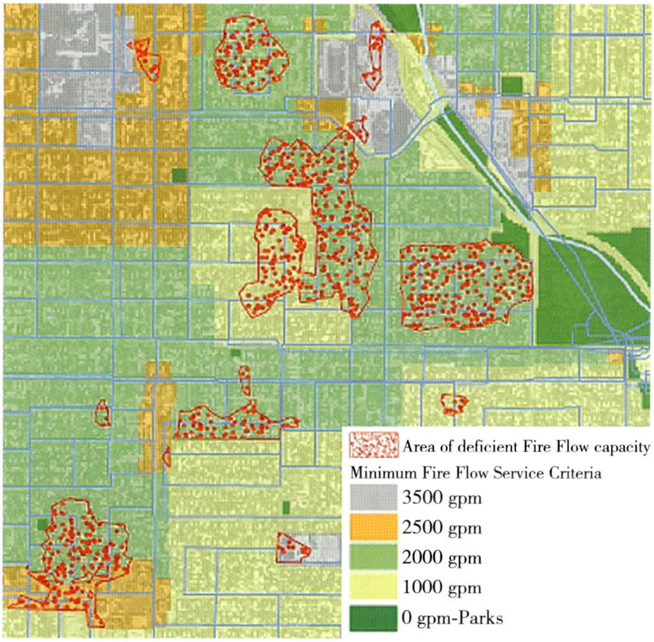

图 1 – 8　由水力模型结果和 GIS 分析，得到的最低消防流量要求和不足。创建者为 Black & Veatch 公司的 Edward Koval，Paul Ginther，Adrianne Black，Jerry Edwards 和 Brian Lendt；数据由内布拉斯加州林肯市提供

1.6.3　饮用水水源

从多个水源获得供水的公用事业公司，需要了解这些水是如何通过配水系统进行混合的。如果和其他水源的水质相比，某些水源的水质不太令人满意，这就特别重要。客户们可能想知道，是哪个水源在为他们提供用水。随着时间的推移，一个客户可能会得到许多水源的供水，而且不同水源的混合比例也可能会不断

变化。水源的长期混合比例（或者百分比），对于客户的整体水质是一个很好的指标。

延时模拟（EPS）建模，可以从配水系统不同的水源中识别出混合区。对于整个配水系统中存在多个水源的供水源，水源追踪是非常有用的。它可以显示出，特定水源的水和来自其他水源的水在多大程度上进行了混合，以及随着时间的推移，这种混合的空间模式是如何改变的。

对于具体的运行方案，水力模型可以计算出，在整个配水网络的每个位置上，每个水源输送到系统中的供水量占总需求量的百分比。

如图 1－9 所示，采用 GIS 可以为每个水源生成一个百分比面。通过将该数据覆盖到数字化街道或者地图上，可以使街道地址和水源百分比多边形相关联，并且可以确定客户从每个水源获得的供水近似百分比。

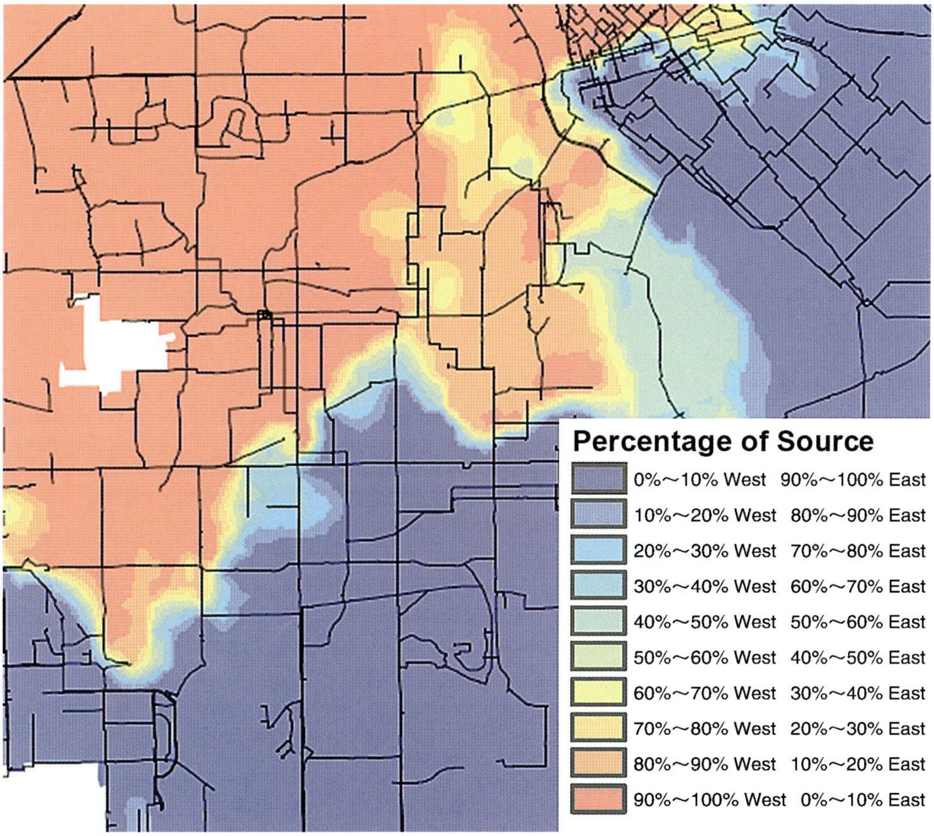

图 1－9　在配水系统内部，两个处理厂的混合百分比。创建者为 Black & Veatch 公司的 Edward Koval，Paul Ginther，Adrianne Black，Jerry Edwards 和 Brian Lendt；数据由达拉斯自来水公司提供

1.6.4　水龄和水质

随着配水系统中水质监管的加强，公用事业单位认识到，水

质评估对于长期规划和安全问题来说至关重要（见图 1－10）。因此，可以采用延时模拟对水质建模，以分析水在流经整个配水系统过程中的水力变化。EPS 模型可以计算整个配水系统中的水龄，这可以作为水质的一个指标。水龄的计算结果，还可以评估消毒剂残留物和消毒剂副产物的形成物。

图 1－10　水质评估对于长远规划和安全是至关重要的。照片来自 Shutterstock 网站，由 Phase4 Photography 提供

水龄和水质的可视化，对于理解水力模型对具体操作方案的输出是一个关键组成部分。如图 1－11 中所示，经过良好校准的水力模型和 GIS 软件，可以显示不同的水龄和水源追踪结果，并识别配水系统潜在的内部不足。

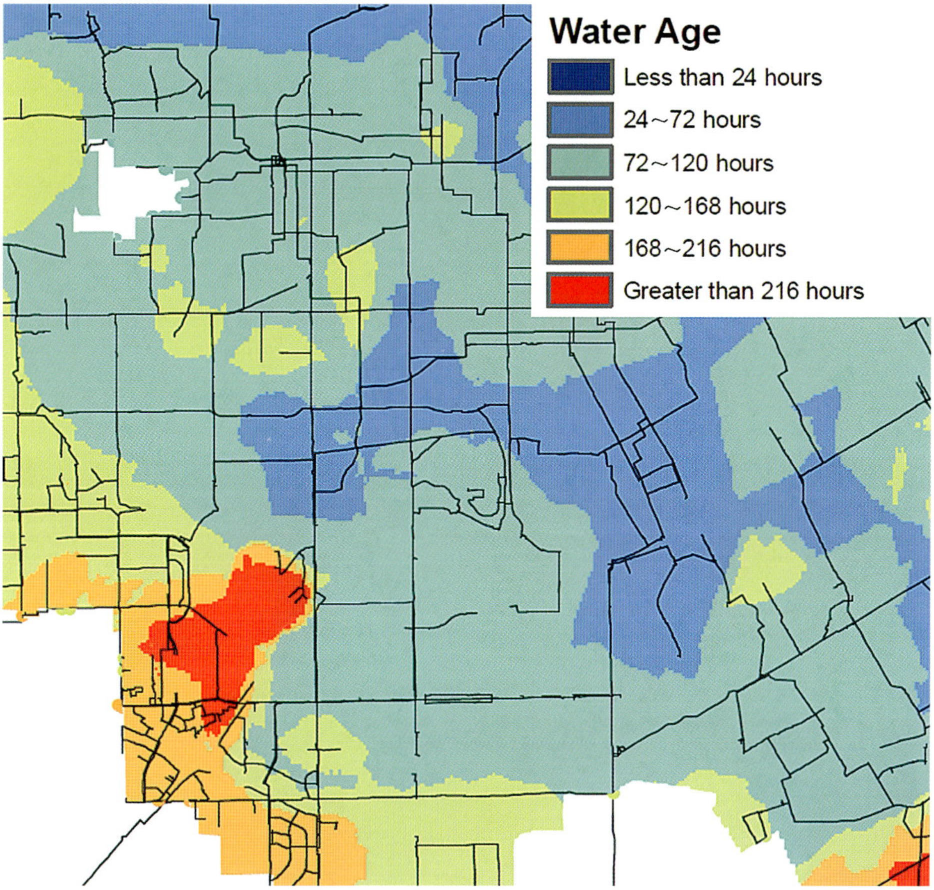

图 1－11　配水系统中水龄的可视化。创建者为 Black & Veatch 公司的 Edward Koval，Paul Ginther，Adrianne Black，Jerry Edwards 和 Brian Lendt；数据由达拉斯自来水公司提供

1.6.5 高级应用

超越了水力模型传统用途的应用程序，可以帮助公用事业单位最大限度地提高在 GIS 上的投资回报。单向冲洗，利用 GIS 绘图功能和水力模拟能力，可以找出清洗配水系统的最佳管道顺序。危害性分析，采用水力模型可确定系统中最关键的部分。通过与 GIS 相结合，危害性分析可以识别出受管道破裂潜在影响的客户，并估计中断供水会持续多久。各种不同的 GIS 数据层（人口密度、土壤特性、铁路、断层线、街道铺砌面等），可以作为资本规划的一部分来进行分析，以便帮助公用事业单位为修复费用安排好优先次序。依靠 GIS 来提高分析和关键信息通信的那些应用，还在持续增多：

（1）开发和/或者优化压力边界。

（2）为供水设施定位潜在的地点。

（3）为公用事业单位的员工确定最短的行驶距离，测试或者冲洗消火栓。

（4）追溯污染物至水源。

（5）处理连接许可证。

（6）定位监控设备布设。

（7）基于设施关闭仿真的建模识别停止服务的客户。

1.7　用于集水系统的 GIS 应用

类似于配水系统，集水系统模型和 GIS 的集成，也带来了显著的优势。

1.7.1　负荷

如同配水系统建模中的需求分配一样，下水道系统的负荷，必须作为集水系统建模过程中的一部分进行分配。采用地理编码和空间关系，可以使用同样的技术，把家用负荷和工业负荷分配至管道和沙井。在某些建模系统中，通过计量水量销售，再添加一些约束因子，配水系统中的用水需求可直接用于下水道负荷计算。

1.7.2　溢流

集水系统建模的最重要的目标，或许就是为了防止溢流造成泛滥，或者防止未经处理的废水排到周围环境中（见图 1-12）。水力建模允许对洪水事件进行详细的分析，并对缓解措施进行实际模拟。有些应用还集成了管道系统的建模和地表径流的水力 2D 模型。

图 1－12　暴雨中的洪水泛滥

1.7.3　降雨径流

降雨径流建模，通常不要求公用事业单位存储数据包括集水区的拓扑结构、地形表面，以及数字高程等。这些数据从其他来源进行收集，通常作为 GIS 图层使用。在建模系统中提供的工具，用于提取必要的参数：由数字高程描绘集水区边界、集水区面积、不透水区域所占百分比、集水区形状等等。

1.7.4　3D 可视化

精确的管道内底高程和沙井深度，可以被用于开发 3D 可视化，以及各种不同的视角显示埋入地下的基础设施。图 1 – 13 显示了一个集水系统模型，该模型已经导出至 ArcScene 软件（ESRI）进行 3D 表示和可视化。

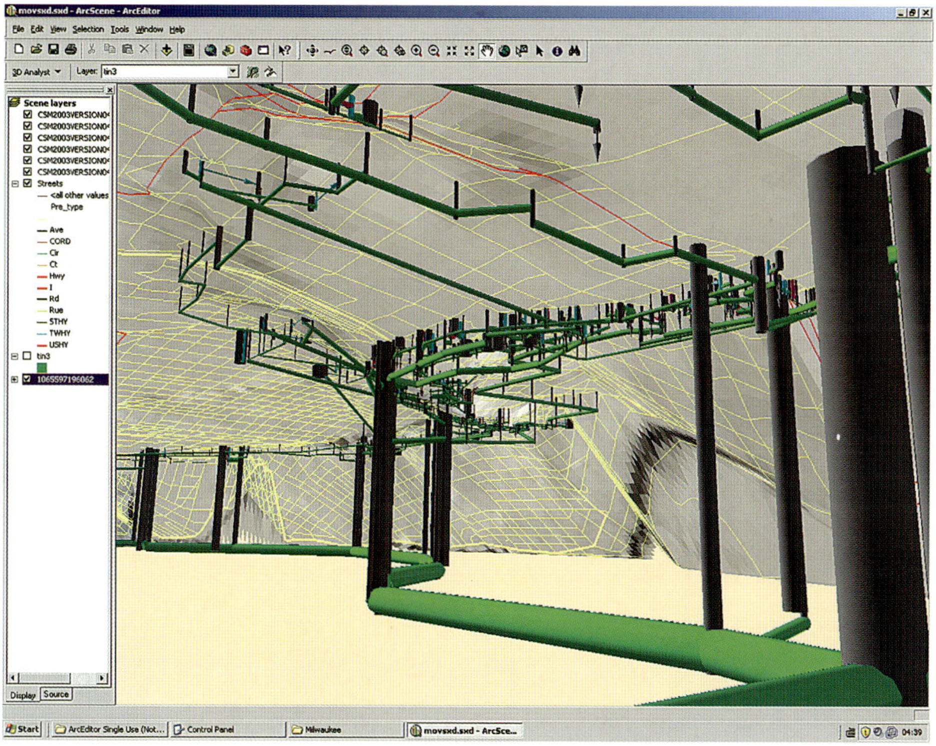

图 1 – 13　集水系统水力模型的 3D 表示。由德国水文研究所（DHI）的 Lars Christian Larsen 创建

1.8 结　论

借助公用事业单位现有的 GIS，是着手开发水力模型的最简单的方式。然而，重要是如何最终确定最适当的模型结构。对于公用事业单位来说，如果希望 GIS 和水力模型之间一对一连接，例如 APV 模型也许是最好的选择。以 GIS 为中心的水力建模软件为进行各种分析和简化水力模型的更新，提供了极大的灵活性。

【进一步的读物】Further reading

Edwards, J. A., Koval, E. J., Lendt, B. W., and Ginther, P. G. February 2008. Distribution System Model Development and Maintenance Using GIS, Guidelines and Recommended Procedures. Black & Veatch internal whitepaper, Kansas City, MO.

Edwards, J. A., Koval, E. J., Lendt, B. W., and Ginther, P. G. November 2009. GIS and Hydraulic Model Integration: Implementing Cost-Effective Sustainable Modeling Solutions. Journal AWWA, Vol. 101, No. 11, pp. 34 –42.

Moore, P. B., Harrington, D. A., Hauffen, P. M., Ray, R., and Tejada, R. W. September 2008. Avoid the GIS-Model Disconnect: Identifying the Major Hurdles Associated with Hydraulic Model Creation and Updating from GIS. IDModeling whitepaper. Arcadia, CA.

Ray, R., Moore, P. B., Harrington, D. A., and Hauffen, P. M. June 2008. The Achilles' Heel of GIS-built Hydraulic Models: Maintaining/Updating a Model from GIS Data. AWWA Conference Proceedings. Denver, CO: American Water Works Association.

Scott, C., and Edwards, J. A. August 2002. Water Demand Allocation Using GIS. ESRI User Conference Proceedings. http://proceedings.esri.com/Library/userconf/proc02/pap0364/p0364.htm (Accessed January 2008).

US Environmental Protection Agency. January 2006. Initial Distribution System Evaluation Guidance Manual for the Final Stage 2 Disinfectants and Disinfection By-products Rule, EPA/815/B - 061002. Washington, DC: US Environmental Protection Agency.

第 2 章

地理信息系统与水力建模集成的原理

对于许多公用事业单位来说，GIS 与水力模型的紧密集成，可能是一个可望而不可及的目标，也是一个具有挑战性的过程。这个概念似乎很简单，但是集成有时会受传统水力建模软件的阻碍，以及不完整、不准确或者结构不正确的 GIS 数据的阻碍。成功的集成，始于 GIS 数据库，该数据库通常是作为资产信息和网络连接的主存储库。

广义上讲，水力建模需要三类数据：

（1）物理数据。用于水力特性描述、管道连接（管网拓扑结构）、沙井、存储设施、泵和控制阀的数据。

（2）需求/负荷数据。

1）需求数据（配水系统）。用来模拟空间和时间的耗水量的数据，并对泄漏损失给出解释。

2）负荷数据（集水系统）。用来模拟废水向管道的流入量，以及由雨水和地下水的渗透和流入量的数据。

（3）运行数据。泵的开/关状态和速度、阀位和节流或者水流特性、存储设施水位。

物理数据的开发，可能是最复杂的数据要求。水力模型要求强制实施管网拓扑结构（连接），并要求管尺寸、长度和类似的数据，精确地表示现实世界的公用设施系统。因此，管网连接和设施属性数据（管径和长度、汇接点的高程等）的精确度，将决定由 GIS 构建的水力模型的质量，并直接影响填充缺失数据和修正误差所需要的时间。

2.1　配水系统模型

在 GIS 中，公用事业单位配水系统特征要素的表示是彼此不同的。然而，公用事业单位配水管网 GIS，通常会包括总水管、管件、阀门、消火栓、泵、水表和蓄水库等特征要素。这些特征要素与相应的水力模型元素的匹配，是最重要的一步。为了确保 GIS 和模型之间的一对一关系，所有的模型元素都必须具有唯一的 ID。此 ID 是来自于 GIS 的 ID 字段。通过使用 GIS 的特征要素 ID 字段，或者 ASSET_ ID 字段，可以非常容易地实现这一点。挑选出来在模型中使用的 GIS 特征要素 ID，应当是被完全占据的，并且在其自身的特征要素类中是唯一的（最好在整个 GIS 数据库中都是唯一的）和稳定的。一个稳定的 ID 字段，稳定程度应该通过配置防止新的 ID 对现有的元素重新编号，并且可以防止重新使用先前已经退役的 ID（例如，废弃的管道上的 ID）。图 2 -1 显示的是模型管道的列表，这些管道是由其源 GIS 管道特征要素进行创建的

（并使用相同的 ID）。

某些典型的 GIS 字段，可能没有明确要求在水力仿真中使用，而是将它们包括在模型数据库中，以减少建立和维护模型所需的时间。例如，为模型的特殊要素填充 PRESSURE_ ZONE 字段，会有助于确认管网拓扑结构的区域断裂和改进结果的显示。同样地，RETIRE_ DATE 字段，可以用来识别不应该被包括在分析中的设施，这是因为它们已不再被使用。

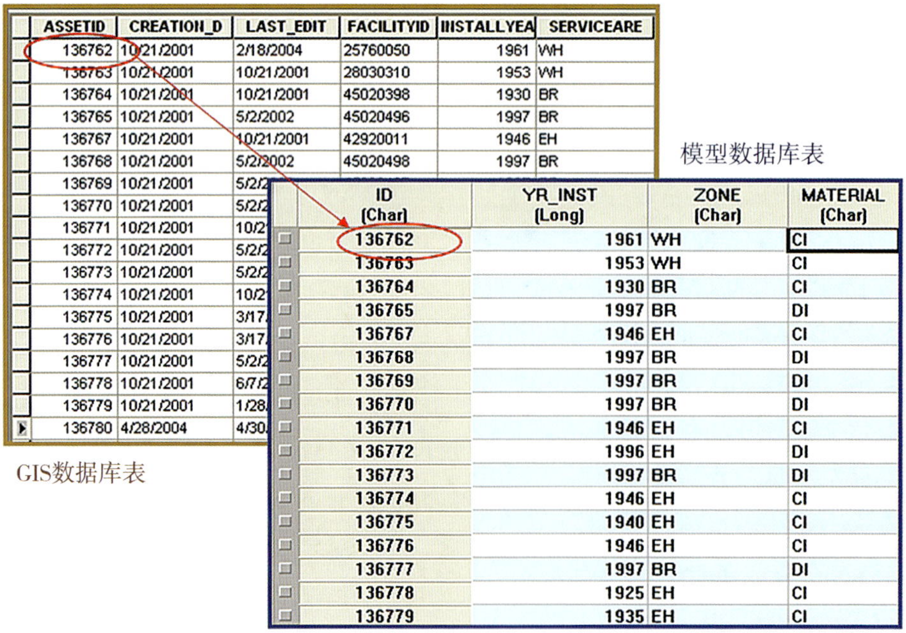

ASSETID	CREATION_D	LAST_EDIT	FACILITYID	INSTALLYEA	SERVICEARE
136762	10/21/2001	2/18/2004	25760050	1961	WH
136763	10/21/2001	10/21/2001	28030310	1953	WH
136764	10/21/2001	10/21/2001	45020398	1930	BR
136765	10/21/2001	5/2/2002	45020496	1997	BR
136767	10/21/2001	10/21/2001	42920011	1946	EH
136768	10/21/2001	5/2/2002	45020498	1997	BR
136769	10/21/2001	5/2/2			
136770	10/21/2001	5/2/2			
136771	10/21/2001	10/2			
136772	10/21/2001	5/2/2			
136773	10/21/2001	5/2/2			
136774	10/21/2001	10/2			
136775	10/21/2001	3/17			
136776	10/21/2001	3/17			
136777	10/21/2001	5/2/2			
136778	10/21/2001	6/7/2			
136779	10/21/2001	1/28			
136780	4/28/2004	4/30			

ID (Char)	YR_INST (Long)	ZONE (Char)	MATERIAL (Char)
136762	1961	WH	CI
136763	1953	WH	CI
136764	1930	BR	CI
136765	1997	BR	DI
136767	1946	EH	CI
136768	1997	BR	DI
136769	1997	BR	DI
136770	1997	BR	DI
136771	1946	EH	CI
136772	1996	EH	DI
136773	1997	BR	DI
136774	1946	EH	CI
136775	1940	EH	CI
136776	1946	EH	CI
136777	1997	BR	DI
136778	1925	EH	CI
136779	1935	EH	CI

图 2-1　水力模型的 ID，应当匹配 GIS 的 ID。创建者为 Black & Veatch 公司的 Edward Koval，Paul Ginther，Adrianne Black，Jerry Edwards 和 Brian Lendt

表 2－1 列出的特征要素种类的字段，应当包括在 GIS 数据库中。这些数据有助于长期的模型维护，并应当保持最新。

表 2－1　为配水系统模型推荐的 GIS 数据

GIS		水力模型		推荐的 GIS 属性
特征要素种类	类型	特征要素种类	类型	
管件、消火栓和非控制阀	点	汇接点	点	ASSET_ID, INSTALL_DATE, RETIRE_DATE, ZONE, ELEVATION, FITTING_TYPE (SUBTYPE), EDIT_DATE, IN_GIS, IN_MODEL, OPERATIONAL (Y/N)
控制阀与边界阀	点	阀	点或线	ASSET_ID, INSTALL_DATE, RETIRE_DATE, FROM_ZONE, TO_ZONE, ELEVATION, DIAMETER, VALVE_FUNCTIONAL_TYPE (SUBTYPE), BODY_TYPE, EDIT_DATE, IN_GIS, IN_MODEL, OPERATIONAL (Y/N)

续上表

GIS		水力模型		推荐的 GIS 属性
特征要素种类	类型	特征要素种类	类型	
泵	点	泵	点或线	ASSET_ ID, INSTALL_ DATE, RETIRE _ DATE, ZONE, ELEVATION, DIAMETER, EDIT_ DATE, IN_ GIS, IN_ MODEL
管道	线	管道	线	ASSET_ ID, INSTALL_ DATE, RETIRE_ DATE, ZONE, DIAMETER, MATERIAL, RELINING _ DATE, RELINING_ TYPE, FROM_ NODE, TO_ NODE, LENGTH, ROUGHNESS, EDIT_ DATE, IN_ GIS, IN_ MODEL
水箱和蓄水池	点	水箱和蓄水池	点	ASSET _ ID, NAME, INSTALL _ DATE, RETIRE _ DATE, ZONE, BOTTOM _ ELEVATION, OVERFLOW ELEVATION, DIAMETER, VOLUME, EDIT_ DATE, IN_ GIS, IN_ MODEL

创建者为 Black & Veatch 公司的 Edward Koval, Paul Ginther, Adrianne Black, Jerry Edwards 和 Brian Lendt；修改自 Journal AWWA, Vol. 101, No. 11（2009 年 11 月），美国水工程协会出版

2.1.1 配水系统模型中表示 GIS 的特征要素

大多数水力模型，将管网看作一组节点和连接线。节点在系统中是一些点，如储罐或者汇接点；连接线是节点之间的连接，最常见的类型是管道。泵和阀可以表示为节点或者连接线，这取决于建模软件。

1. 汇接点

在水力模型中，汇接点用来表示管段和需求点之间的连接。它们也用于表示管道材料、直径和安装日期的变化。

管件通常被合并到一个 GIS 特征要素类中，应当使用 FITTING _ TYPE 字段来识别三通、四通、弯管、异径管、鞍座、插塞，等等。并非所有汇接点都应导入模型中，因为并不是所有的汇接点都被用于限定管端点。对 GIS 数据的全面分析，将识别出管端头，并且应当标明 IN_ MODEL 字段值为 YES 的汇接点。在 GIS 中的所有其他管件，都应当标明 IN_ MODEL 字段值为 NO。此外，应当检查 GIS 中的管件数据，确认没有重复——即确认每个管端点（不论是死头、三通、四通或者其他交叉点）仅有一个管件。

根据所使用的软件，消火栓（见图 2 –2）在水力模型中通常表示为节点或者汇接点，并且通常在 GIS 特征要素类中进行维护。一旦被导入到模型中，消火栓就应当明确地如此标识，以区别于其他节点类型。

图2－2　消火栓应当和模型中其他类型的节点区分开。照片来自 Shutterstock 网站，由 fotosav 提供

2. 水阀和水泵

水阀（见图2－3）可以表示为控制阀或者非控制阀。控制阀，如压力调节阀和流量控制阀，应当表示为水阀元素，因为它们被用来表示特定的水力特性。非控制阀在此处被定义为那些完全打开、不需要初始设置、通常不影响水力分析并且可以表示为简单汇接点的水阀。这种水阀的一个很好的例子是，在街道交叉口周围一系列的四个隔离阀——它们通常维持在开阀位，只有在进行维护或者修理过程中才需要关闭。

图 2 – 3　水阀可以表示为控制阀或者非控制阀。照片来自 Shutterstock 网站，由 Robert J. Beyers II 提供

在水力模型中，将非控制阀定义为汇接点而不是水阀，减少了水力分析的处理时间。如果一个非控制阀需要被建模定义为一个控制阀，该元素在水力模型中必须被定义为水阀，而不是汇接点。其操作状态应当在 GIS 数据库中的阀特殊要素类中维护。当更新模型时，将有助于区分控制阀和非控制阀汇接点。在模型中利用 GIS 的阀门亚型（球阀、蝶阀、闸阀等）也是很好的做法。

如果在模型中完全不存在非控制阀，则处理时间可以进一步减少。随着采用几何网络（见第 3 章）正确地设置 GIS，则不需要将非控制阀包含在模型中作为元素。采用较少的节点（每个阀少一个节点），仍然可以在 GIS 和模型之间实现一对一的关系。对于在几何网络中利用复杂边的公用事业单位来说，这应当是首要的方法。

有些水力建模程序，如 EPANET 软件（由美国环境保护局开发），将水泵和水阀表示为线特征元素，而不是点特征元素，并在每个端点处需要一个汇接点。图 2－4 举例说明，在此类老式的水力建模软件中需要额外的汇接点和线。

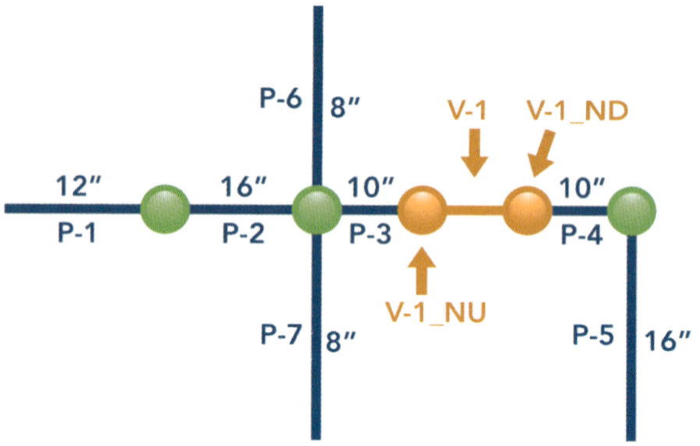

图 2－4　在一个水力模型（EPANET）中，水阀被表示为一条线。创建者为 Black & Veatch 公司的 Edward Koval，Paul Ginther，Adrianne Black，Jerry Edwards 和 Brian Lendt；修改自 Journal AWWA，Vol. 101，No. 11（2009 年 11 月），由美国水工程协会出版

许多水力建模程序使用 EPANET 水力引擎进行计算。然而，大多数 GIS 应用将水泵和水阀表示为点，而且在执行水力计算时，在内部将这些元素转换为连接线（这种转换对于用户是不可见的）。在建模软件中，目前的趋势还是将水泵和水阀表示为点元素（和它们在 GIS 出现时一样），从而通过一个共同的资产 ID，有助于这些特征要素的一对一的关系。GIS 的结构（见图 2－5）和模

型的结构（见图 2－6），二者之间的精确匹配，使得长期模型维护更容易，也更可持续。

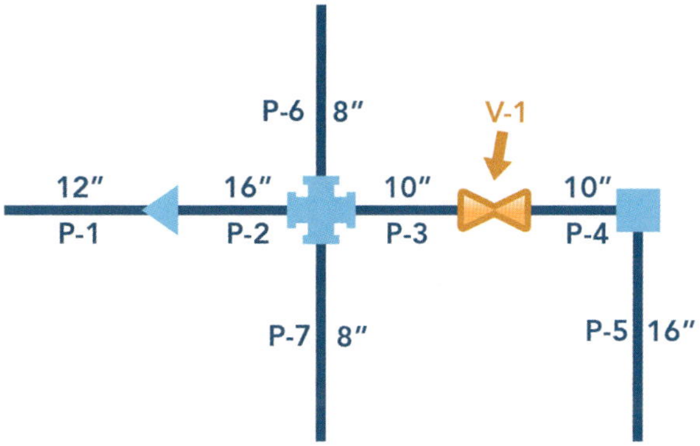

图 2－5　在 GIS 中，水阀被表示为一个点。创建者为 Black & Veatch 公司的 Edward Koval，Paul Ginther，Adrianne Black，Jerry Edwards 和 Brian Lendt；修改自 Journal AWWA，Vol. 101，No. 11（2009 年 11 月），由美国水工程协会出版

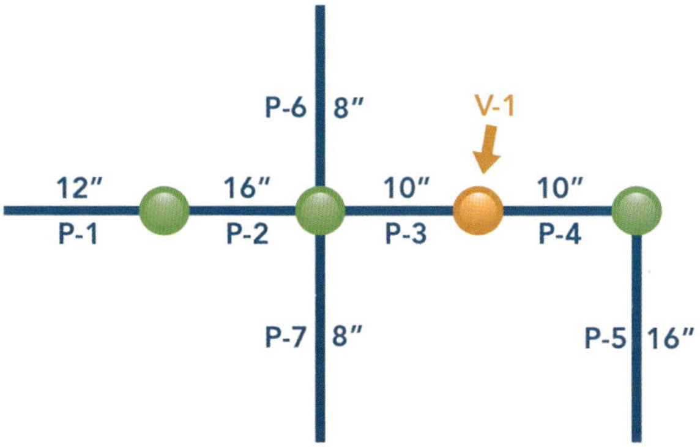

图 2－6　在以 GIS 为中心的水力模型中，水阀被表示为一个点。创建者为 Black & Veatch 公司的 Edward Koval，Paul Ginther，Adrianne Black，Jerry Edwards 和 Brian Lendt；修改自 Journal AWWA，Vol. 101，No. 11（2009 年 11 月），由美国水工程协会出版

3. 管道

在配水系统的 GIS 数据库中，传输管道和配水管道或者总水管，通常以一个 GIS 特征要素类进行表示。更详细的 GIS 数据库，还将保留服务支管（或者连接管），尽管它们通常存储在一个单独的 GIS 特征要素类中。服务支管很少包含在水力模型中，因为在进行大多数的水力分析时，通常不需要这种细节层次。对于 GIS 数据库中的管道特征要素，首选的拓扑结构，是不要在每个服务支管处分离开管道特征要素。因此，如果服务支管没有分离开主管道，在为主管道向模型导入的过程中也无需提供与支管相关联的额外变化情况。

在 GIS 的管道特征要素类中，维持 FROM_ NODE 和 TO_ NODE 属性是很重要的。这是因为，一些水力建模应用程序使用 FROM_ NODE 和 TO_ NODE 两个 ID，来定义它们的管网拓扑结构。此外，在模型更新和维护的质量控制阶段中，这些属性是很有用的。在真实的几何网络中，该信息自动存储到内部网络中。FROM_ NODE 和 TO_ NODE 属性信息，可以在 GIS 的 FROM 和 TO 字段中进行提取和填充。因此，只要 GIS 参与到几何网络中，就不需要维护 FROM_ NODE 和 TO_ NODE 两个 ID。

4. 水井

水井通常被建模为蓄水池和水泵元素的组合，以模拟地下水面和井泵，或者被建模为具有负需求的简单汇接点。为了便于和 GIS 进行集成，GIS 数据库中的水井，应当采用与水力模型相同的水井表示方法。如果公用事业公司不希望从根本上改变 GIS 数据库结构，作为一种替代方式，他们可以使用 IN_ MODEL 和 IN_ GIS 字段，来查询和具体水井有关的元素。

5. 水设施

GIS 的连接，有时可能需要进行修改。这是因为，主要的水设施（包括水泵站和存储设施）（图 2 - 7 和图 2 - 8）和次要的水设施（如水阀拱顶），可能会需要水力模型中的某一个细节层次，而该细节层次在 GIS 数据库中是未创建的。例如，复杂的水泵站、存储设施或者水井，在 GIS 中可以简单地表示为单个点（图 2 - 9），而不显示在该地点可能存在的多个水泵、水阀或者水箱。公用事业公司可能需要确定水设施在 GIS 数据库中的表示是否应当简单或者详细。

图 2 - 7 Eklutna 水处理设施，阿拉斯加安克雷奇

图2-8 水泵站和其他主要水设施，可能会需要水力模型中的一个细节层次，而该细节层次在 GIS 数据库中是未创建的。照片来自 Shutterstock 网站，由 Krzysztof Slusarczyk 提供

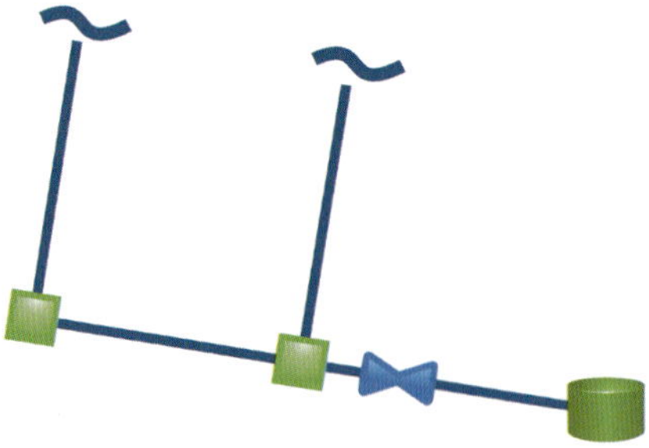

图2-9 水设施在 GIS 中的简单表示。创建者为 Black & Veatch 公司的 Edward Koval，Paul Ginther，Adrianne Black，Jerry Edwards 和 Brian Lendt

GIS 中水设施的简化表示，可能对维持与水力模型一对一的关系提出了挑战。当不要求在水力模型和 GIS 之间维持相同的细节层次时，作为最低限度，该水设施和配水系统其他部分之间上

下游间的连接应当在 GIS 中得到维持。这些连接点，将有利于确定该设施在 GIS 中的足迹，并提供必要的灵活性，以便在模型更新过程中，将更新的 GIS 信息反向关联到水力模型。

一种替代性的首选方法是，将详细的水设施信息包含在 GIS 中（图 2－10），采用模型所要求的网络连接，以便可持续地进行一对一的集成。这种做法不但有利于水力建模进行详细分析，而且可支持其他与 GIS 集成的解决方案，如计算机化的管理维护软件（CMMS）、客户信息软件（CIS）和监控与数据采集（SCADA）系统。

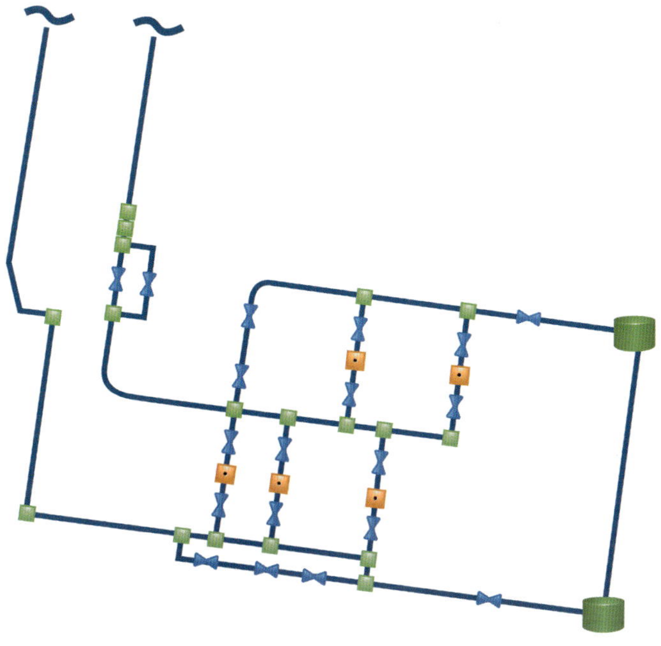

图 2－10　水设施在 GIS 中的详细表示。创建者为 Black & Veatch 公司的 Edward Koval，Paul Ginther，Adrianne Black，Jerry Edwards 和 Brian Lendt

2.1.2 关键要求和考虑事项

由 GIS 数据库开发配水系统水力模型，其关键要求和考虑事项如下：

1. 汇接点

（1）在 GIS 数据库中，确保每个汇接点特征要素拥有唯一的 ID 和子类型（三通、隔离阀、鞍座等）。

（2）将消火栓和位于管道端点、三通和四通处的非工作管件，在模型中表示为汇接点。

（3）如果非控制阀在几何网络中被表示为点特征要素，不要将非控制阀包含在水力模型中，这样将会减少水力模型中的节点和破裂管道的数量，同时不会影响模型要求。

（4）在 GIS 中保持的高程：考虑使用 2 英尺的 GIS 轮廓、具有 5 英尺 ×5 英尺分辨率或者更好分辨率的数字高程模型（DEM）或者数字地形模型（DTM）。

（5）与模型有关的属性（表 2－1）应当维持在 GIS 数据库中。

（6）根据需要，检查并纠正孤立节点。

2. 水阀

（1）在 GIS 数据库中，确保每个水阀有唯一的 ID。

（2）标记 GIS 数据库和水力模型中的阀类型。

（3）仅导入控制阀作为模型中的阀元素。

（4）如果可能的话，采用 GPS 或者调查的方式定位所有的阀。

（5）考虑采用 SCADA 系统作为控制信息的参考。

（6）不要进行简化——控制阀结构在 GIS 中，应当采用其在水力模型中的相同细节层次进行表示。

3. 水泵

（1）在 GIS 数据库中，确保每个水泵有唯一的 ID。

（2）考虑采用 SCADA 系统作为控制信息的数据源。

（3）不要进行简化，应当采用其在水力模型中相同的细节层次进行表示。

4. 管道

（1）在 GIS 中，确保每个管道特征要素拥有唯一的 ID 和子类型（配水管网、消防管道、消火栓支管等）。

（2）在 GIS 数据库中填充直径、材料、水头损失系数（C - 因子）、安装年份和其他模型属性，检查其准确性和完整性。

（3）在 GIS 中保持 FROM_ NODE 和 TO_ NODE 管道属性。

（4）仅在汇接点处切断管道（例如，不要在鞍座或者服务水龙头处，但可以在主管线端点、三通、四通等处）。

（5）根据需要，检查并纠正拓扑结构和连接性。

5. 水井、水箱和蓄水库

（1）在 GIS 数据库中，确保每个水井、水箱或者蓄水库有唯一的 ID。

（2）从 GIS 数据库导入属性。

（3）在 GIS 中维持水箱和蓄水库的水位和其他属性（或者使

用唯一的 ID 将数据源连接到 GIS）。

（4）考虑采用 SCADA 系统作为水位的数据源。

（5）如果可能的话，采用 GPS 或者调查的方式定位所有的水井、水箱和蓄水库。

（6）不要进行简化，应当采用其在水力模型中相同的细节层次进行表示。

2.2 集水系统模型

在 GIS 中，各个公用事业单位集水系统设施的表示是彼此不同的。与配水系统一样，在只用于资产管理的 GIS 中，可能没有水力方面的信息。然而，GIS 数据库通常包括管道、沙井、控制结构、水泵站和其他类型的设施，对于废水收集系统来说这将是完整的，足以用来构建一个水力模型。然而，在雨水收集系统和雨水 - 废水联合收集系统的情况下，与集水流域和降雨建模有关的物理数据，在用于管理资产的 GIS 中往往是不存在的。这些数据项经常需要来自其他数据源或者单独收集。

利用 GIS 特征要素，并将它们用正好与之对应的水力模型元素来表示，是向着可持续集成迈出的重要一步。为了确保 GIS 和水力模型之间的一对一关系，所有的模型元素都必须具有唯一的 ID。这些 ID 来自于 GIS 中所使用的 ID 字段，通过使用 GIS 的 FEATURE_ ID 或者 ASSET_ ID 字段，可以非常容易地实现这一点的。挑选出来在模型中使用的 GIS 特征要素 ID，应当是被完全占据的，并且在其自身的特征要素类中是唯一的（最好在整个 GIS 数据库中都是唯一的）和稳定的（见上文）。

集水系统模型经常需要一些 GIS 属性数据字段，用于管道、沙井、堰坝、蓄水池（表 2 -2）。一些典型的 GIS 字段，可能没有明确地要求在水力仿真中使用。然而，将它们包括在模型数据库中，可以减少建立和维护模型所需的时间。

表 2 -2　为集水系统模型推荐的 GIS 数据

GIS		水力模型		推荐的 GIS 属性
特征要素种类	类型	特征要素种类	类型	
蓄水池	点	沙井	点	ASSET_ ID，NAME，INVERT_ LEVEL，GROUND_ LEVEL，GEOMETRY
沙井	点	沙井	点	ASSET_ ID，NAME，INVERT_ LEVEL，GROUND_ LEVEL，GEOMETRY，COVER_ OPTION，SPILL_ OPTION

续上表

GIS		水力模型		推荐的 GIS 属性
特征要素种类	类型	特征要素种类	类型	
水阀	点	水阀	点或线	ASSET_ ID, INSTALL_ DATE, RETIRE_ DATE, ELEVATION, DIAMETER, VALVE _ FUNCTIONAL _ TYPE (SUBTYPE), OPTIONS, TYPE, EDIT_ DATE, IN_ GIS, IN _ MODEL, OPERATIONAL (Y/N)
水泵	点	水泵	点或线	ASSET _ ID, INSTALL _ DATE, RETIRE_ DATE, ELEVATION, DIAMETER, EDIT_ DATE, IN_ GIS, IN_ MODEL
管道	线	管道	线	ASSET_ ID, INSTALL_ DATE, RETIRE_ DATE, DIAMETER, MATERIAL, TYPE (GRAVITY/FORCEMAIN), RELINING _ DATE, RELINING _ TYPE, FROM _ NODE, TO _ NODE, LENGTH, ROUGHNESS, EDIT_ DATE, IN_ GIS, IN _ MODEL

续上表

GIS		水力模型		推荐的 GIS 属性
特征要素种类	类型	特征要素种类	类型	
堰坝	点	堰坝	点或线	ASSET_ ID，INSTALL_ DATE，RETIRE_ DATE，GEOMETRY，TYPE，CREST_ LEVEL，EDIT_ DATE，IN_ GIS，IN_ MODEL
管口	点	管口	点或线	ASSET_ ID，INSTALL_ DATE，RETIRE_ DATE，GEOMETRY，TYPE，OPTIONS，EDIT_ DATE，IN_ GIS，IN_ MODEL

创建者为 Black & Veatch 公司的 Edward Koval，Paul Ginther，Adrianne Black，Jerry Edwards 和 Brian Lendt；修改自 Journal AWWA，Vol. 101，No. 11（2009 年 11 月），美国水工程协会出版

2.2.1　集水系统模型中表示的 GIS 特征要素

在理想情况下，每一个水力模型元素在 GIS 数据库中都将有一个对应的特征要素。然而，有些元素在 GIS 中可能表示得不够恰当，因为从资产管理和维护的角度来看，它们被认为是无关紧要的。

水井在水力方面是很重要的结构，需要在模型中以其正确的直径、连接点、几何形状等属性进行表示。同时，当涉及模式网络拓扑结构时，沙井通常起到网络节点的功能。沙井的水力特性

可能和其几何形状没有直接关系，如同其井盖被密封时一样，周围的地面将导致洪水流回到管道系统。

蓄水池往往被用在雨水收集系统中，或者用在雨水 - 废水联合收集系统中，并作为缓冲储水区用于极端情况。种类繁多的结构物，从天然池塘到大型的地下水池，都可用作蓄水池。在模型中，它们通常被视为一种特殊类型的沙井（因为沙井可以起到小蓄水池的功能）。对这些蓄水池的描述，必须包括其几何形状。这通常是按照若干个横截面来给出的。GIS 可能缺少一些蓄水池的几何数据，尤其是对于天然结构物，例如池塘。

集水系统模型中的阀门、闸门和管口，详细地说明了从一个点到另一个点的流量，在数学上通常以相同的方式对待。在模型中，通常以它们的形状进行识别。建模应用程序，通常具有种类繁多的选择项，可以适应几乎所有现实世界的情况。很多时候，GIS 中正常建立的属性，仍然不足以支持建模的目的。

不同类型的管道，在 GIS 特征要素类中通常是分组的。在雨水收集系统中，人工开挖的沟渠和天然的沟渠，通常是包含在单独的特征要素类中，但是，也可以作为管网的一部分。在该模型中，管道应当在沙井和下水道结构处被分割开，每个管道具有其唯一的 ID。

在 GIS 的管道特征要素类中，保持 FROM_ NODE 和 TO_ NODE 属性是非常重要的。这是因为，不以 GIS 为中心的水力建模应用程序，使用了 FROM 和 TO 节点 ID 来定义它们的网络拓扑结构。使用几何网络来维持连接性的建模系统，则不需要这些信息。如果需要 FROM-TO 节点信息，并且 GIS 维持有几何网络，则在 GIS 中可以创建一个工具，根据网络来更新 FROM-TO 节点信息，而不是单独地维持该信息。

2.2.2　关键要求和考虑事项

由 GIS 数据库开发集水系统水力模型，其关键要求和考虑事项如下：

1. 沙井

（1）在 GIS 数据库中，确保每个沙井特征要素拥有唯一的 ID 和子类型（简单型、密封型等）。

（2）在 GIS 中保持精确的高程，因为大多数集水系统是完全由重力驱动的。

（3）在 GIS 数据库中保持模型属性（表 2－2）。

2. 管道

（1）在 GIS 中，确保每个管道特征要素拥有唯一的 ID 和子类型（重力管道、压力干管等）。

（2）在 GIS 数据库中填充直径/形状、长度、材料和其他模型属性，检查其准确性和完整性。

（3）仅在要导入到模型中的沙井和结构物处切断管道。

（4）根据需要，检查并纠正拓扑结构和连接性。

3. 水泵

（1）在 GIS 数据库中，确保每个水泵和抽水站有唯一的 ID。

（2）采用来自制造商提供的或者近期水泵试验得到水泵特性曲线，准确识别水泵。

（3）所有的管道和单独的水泵不要进行简化，在 GIS 中，应当采用与水力模型相同的细节层次进行表示。

（4）考虑采用将水泵表示为点的水力建模软件。

4. 管口和闸门

（1）在 GIS 数据库中，确保每个对象有唯一的 ID。

（2）保持在 GIS 中的几何形状和选择项（例如，单向阀或者闸门）。

（3）所有的管口和闸门不要进行简化，在 GIS 中，应当采用与水力模型相同的细节层次进行表示。

5. 堰坝

（1）在 GIS 数据库中，确保每个堰坝有唯一的 ID。

（2）保持在 GIS 中的几何形状和类型。

（3）以非常高的精确度，保持坝顶高程的清晰度。

（4）所有的堰坝不要进行简化，在 GIS 中，应当采用与水力模型相同的细节层次进行表示。

2.3 结　论

通过 GIS 数据库的规划设计，同时考虑水力模型的开发和维护，能够实现 GIS 和水力模型的完美集成。本章中提供的信息，可以指导公用事业单位确定如何利用他们现有 GIS，以及如何改进现有的 GIS，以实现与水力模型的可持续集成。

【进一步的读物】Further reading

Cesario, Lee. 1995. Modeling, Analysis, and Design of Water Distribution Systems. Denver, CO: American Water Works Association.

Edwards, J. A., Koval, E. J., Lendt, B. W., and Ginther, P. G. November 2009. GIS and Hydraulic Model Integration: Implementing Cost-Effective Sustainable Modeling Solutions. Journal AWWA, Vol. 101, No. 11, pp. 34 – 42.

Moore, P. B., Harrington, D. A., Hauffen, P. M., Ray, R., and Tejada, R. W. September 2008. Avoid the GIS-Model Disconnect: Identifying the Major Hurdles Associated with Hydraulic Model Creation and Updating from GIS. IDModeling whitepaper. Arcadia, CA.

Ray, R., Moore, P. B., Harrington, D. A., and Hauffen, P. M. June 2008. The Achilles' Heel of GIS-built Hydraulic Models: Maintaining/Updating a Model from GIS Data. AWWA Conference Proceedings. Denver, CO: American Water Works Association.

第 3 章
网络连通性

从历史上看，因为 GIS 数据库和水力模型有着不同的使用目的，它们通常是单独进行维护的。GIS 数据库，主要用于测绘地图和资产管理相关的活动，其属性和地理细节是最为重要的，而网络连通性（在 GIS 中称为“拓扑结构”）则是次要的。只要网络在空间上是准确的，并且包含完整而准确的信息，大多数用户就会感到满意。

相比之下，水力模型则要求模型元素的连通性，以便能够进行水力分析。由于建模软件、硬盘存储和/或者计算机处理存在的限制，水力模型已经趋向于显著简化和/或者骨架化。因此，可能水力模型具有连通性，而本质是公用事业系统的一个扼要表示版本。此外，在水力模型中，出于可视化的目的，水设施和管道的表示往往被过分夸大。这是因为，模型并不关心它们空间准确度。通常，这些模型没有被投影到坐标系统中，而是依赖于记录的长度。这和建模输入参数的数字化的线长度截然相反。GIS 和水力建模之间，在使用上的差异是保持它们彼此分离的主要原因。

随着 GIS 和水力模型的不断发展，这两个系统之间的差距正在减小。这使得集成更加容易。GIS 现在作为水力模型数据物理组件（即管道和设施）的主要来源，这就必须识别在 GIS 中存在的连接错误，并予以纠正。传统上，每次模型更新要求清除大量的连接错误，如果遵循本书中的指导准则，就可以消除或者大大减少这种重复性的工作。

确保在地理数据库中准确地表示这些特征要素，对于这两个系统的集成是一个基本的要求。例如，GIS 中的管道特征要素，在管道的交叉点、连接点或者端点处，必须有一个属于某个种类点特征的要素（节点）。这些点可以是管件（三通、四通、异径接头等）、消火栓、水阀、水泵、水井、水箱或者蓄水库。反过来，水力模型的管道元素，在每一端都必须有一个管件或者设施，对应于 GIS 中的一个点特征要素。为确保管道和点特征要素彼此位置重合，并确保在 GIS 中不存在链接错误，例如重叠或者孤立的管道，在 GIS 中建立拓扑结构只是迈出的第一步。

3.1　拓扑规则

拓扑学被定义为一组规则，阐明各种特征要素的空间关系。对于配水系统和集水系统的 GIS 网络，拓扑可以用来识别、消除和防止系统元素之间的链接错误。在创建几何网络之前，应当采用 ArcGIS 软件来建立拓扑（在下文中讨论）（见图 3 - 1）。

在建立并验证拓扑之后，可以采用 ArcGIS 软件中的拓扑结构检查工具，分析验证错误。公用事业系统特征要素的拓扑规则，可以分为点规则和线规则。

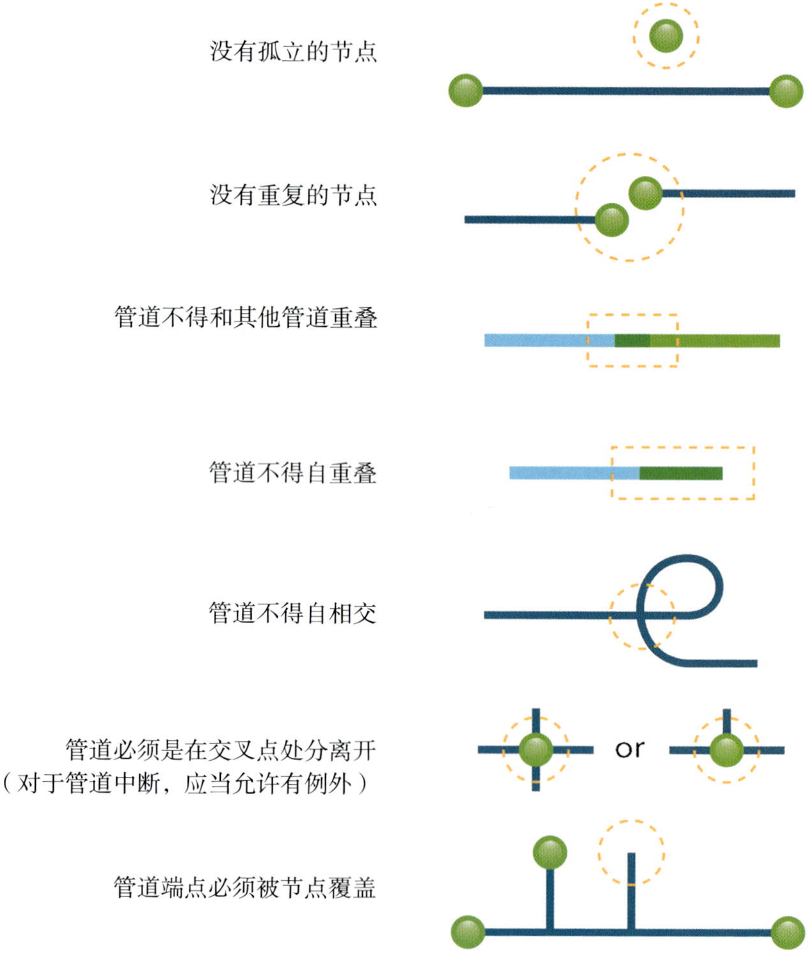

图 3－1　配水系统和集水系统的 GIS 拓扑。创建者为 Black & Veatch 公司的 Edward Koval，Paul Ginther，Adrianne Black，Jerry Edwards 和 Brian Lendt

3.1.1　点拓扑规则

相同的拓扑规则，适用于所有导入到模型中的管件、消火栓、水泵、水阀和蓄水库特征等要素类：所有点特征要素应当充当（对齐到）管道端点。对于参与到具有复杂边的几何网络中的 GIS 特征要素以及不间断的点特征要素，例如阀门和服务设施斜侧三通，不需要和管道端点对齐，但是将它们沿着线特征要素对齐，是很好的做法。

有四种基本方式，违反了点拓扑规则。第一，GIS 可能包含有未关联的（孤立的）点，重复的管件、阀门等等。通过删除孤立的或者重复的点特征要素，可以纠正这种类型的错误。参与到具有复杂边几何网络中的不间断点特征要素，在拓扑结构验证过程中，可能会显示为孤立节点错误，这些错误应当被标记为规则的例外情况。图 3－2 显示了一个孤立管件导致点拓扑错误的例子。

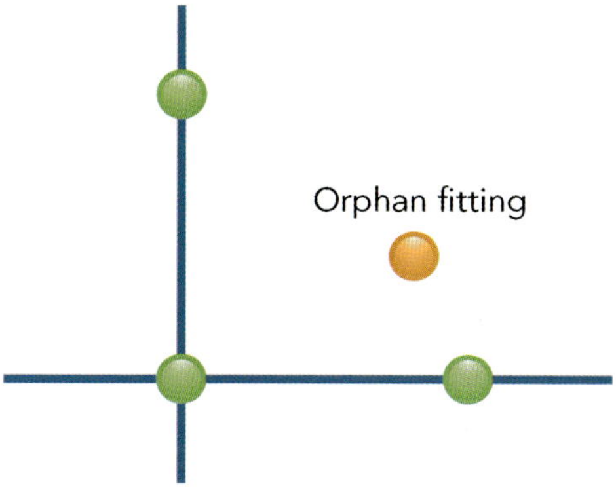

图 3－2　孤立管件错误。创建者为 Black & Veatch 公司的 Edward Koval，Paul Ginther，Adrianne Black，Jerry Edwards 和 Brian Lendt

第二种类型的点拓扑错误，涉及未精确地位于管道端点（位置不重合）的点特征要素。这通常是对齐错误，即其中的点特征要素接近于管道端点，但不是精确地位于端点上。当数据从计算机辅助设计（CAD）格式转换到 GIS 中时，往往发生这种错误。尽管它们可能看起来是连接的，但是，这些特征要素可能并未真正地共享完全相同的点。

图 3-3 给出了一个弯管（管件）点特征要素的例子，该弯管的位置接近两个管道的端点，但不是精确地在端点的位置上。通过将弯管对齐到和两个管道的交叉点重合的位置，可以纠正此点拓扑错误。

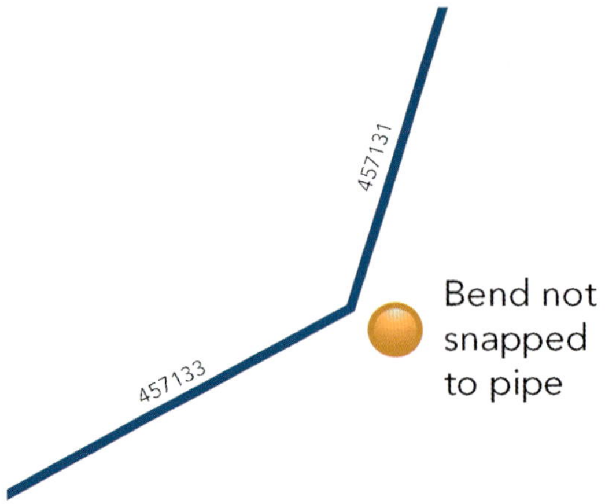

图 3-3　没有和管道端点对齐的弯管，是点拓扑错误的另一个例子。创建者为 Black & Veatch 公司的 Edward Koval，Paul Ginther，Adrianne Black，Jerry Edwards 和 Brian Lendt

当节点与管道重合，但是管道没有分裂时，会发生第三种类型的点拓扑错误。这些错误通常被确定为孤立节点，因为它们没有连接到管道端点。在一些水力建模软件应用程序中，这些错误还可以被确定为“候选的管道分隔点”。

当两个节点应当被表示为一个节点时，会发生第四种类型的点拓扑错误——重复节点（详见图 3－1）。当两个线特征要素没有按照它们应当对齐的方式对齐在一起时，会发生这种错误。

3.1.2　线拓扑规则

有三个常见的 GIS 线（管道）拓扑规则。第一个规则要求，线特征要素不得与其他的线特征要素重叠。当一个管道（或者它的一部分）位于另一个管道的上方时，就违反了这条规则。图 3－4 显示了两个管道共享相同的几何图形（即一个管道位于另一个管道的上方）。当两个管道共享相同的几何图形和属性时，其中的一个管道通常是个复制品，应予删除。然而，有些供水系统和污水系统，的确有处于不同深度的平行管道。大多数 GIS 的二维性质，使其很难表示这种布局，除非添加属性。该重叠规则不适用于包含有平行管道的管网系统。

图 3－5 显示，一个未正确确定位置的三通，导致两个管道重叠的部分。在 GIS 中，重复的元素可能不会产生影响，但是它们对于模型结果会产生显著影响，有时甚至是高度的负面影响。

第二个线拓扑规则要求，管道不得自我重叠。当一个管道在数字化时意外发生了自我重叠，通常会违反此规则（见图 3－6）。通过重绘该管道或者删除无关的管道顶点，可以纠正此错误。

第三个线拓扑规则要求，管道端点和一个点特征要素位置重合（类似于点拓扑规则）。当一个管道没有对齐，例如，位于其端

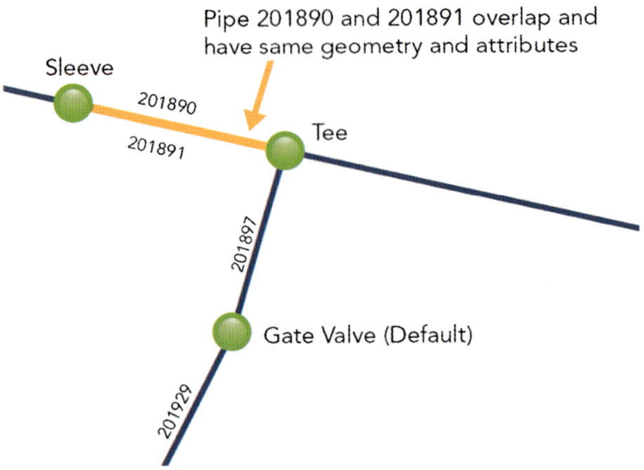

图3-4　将两个管道表示为一个管道，违反了重叠规则。创建者为 Black & Veatch 公司的 Edward Koval，Paul Ginther，Adrianne Black，Jerry Edwards 和 Brian Lendt

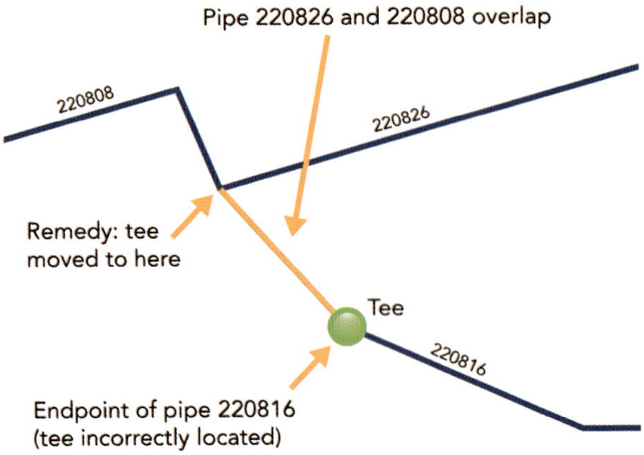

图3-5　对一个三通的定位不正确，可造成局部重叠。创建者为 Black & Veatch 公司的 Edward Koval，Paul Ginther，Adrianne Black，Jerry Edwards 和 Brian Lendt

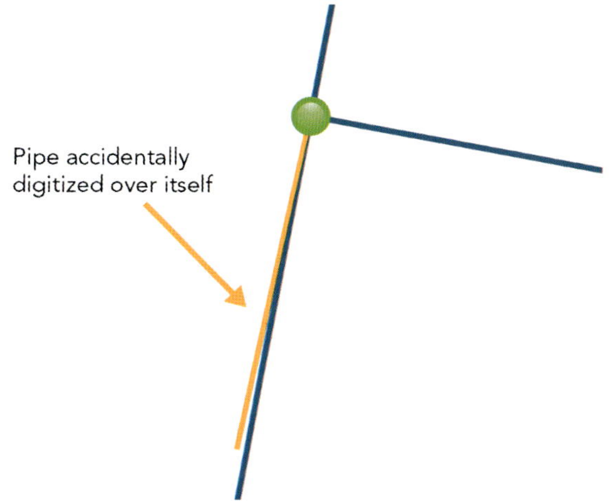

图 3－6　管道自重叠。创建者为 Black & Veatch 公司的 Edward Koval，Paul Ginther，Adrianne Black，Jerry Edwards 和 Brian Lendt

点的管件、沙井或者水阀时，就违反了此规则。当一个点特征要素被意外删除，或者从未被添加到 GIS 中时，通常发生该错误。使用一个几何网络来识别，并在管道端点处自动地添加点（汇接点），可以减少发生这种错误的可能性。

3.2　几何网络

几何网络是 ESRI 地理数据库中的一项功能，用于 GIS 点和线特征要素建立和连通性维护。使用 GIS 进行水力建模之前，或者进行基于 GIS 的追踪应用之前，还可以在参与到几何网络中的点和线特征要素上，进行简单的追踪和连通性检查。许多公用事业单位，已经将几何网络纳入 GIS 数据库设计之中。

3.2.1 简单边和复杂边

几何网络支持两种类型的线（边）特征要素：简单边和复杂边。使用简单边建立几何网络时，所有的线特征要素都被连接到线端点处的汇接点。例如，水阀或者水龙头会在物理上分割开一个管道。相比之下，复杂边则允许点特征要素（例如水阀）或者线特征要素（例如服务支管），连接到一个管道，而不要求该管道被分割开。复杂特征边的使用，对于水力模型开发和维护是很理想的。特别是，GIS 中那些不需要建模的特征要素（例如某些水阀或者水龙头），在水力模型构建过程中可以被忽略，而不会牺牲水力模型中的网络连通性。这样就减少了节点和管道的数目，除了便于模型开发与维护之外，还减少了处理时间。图 3 - 7 说明了简单边和复杂边的连接属性。

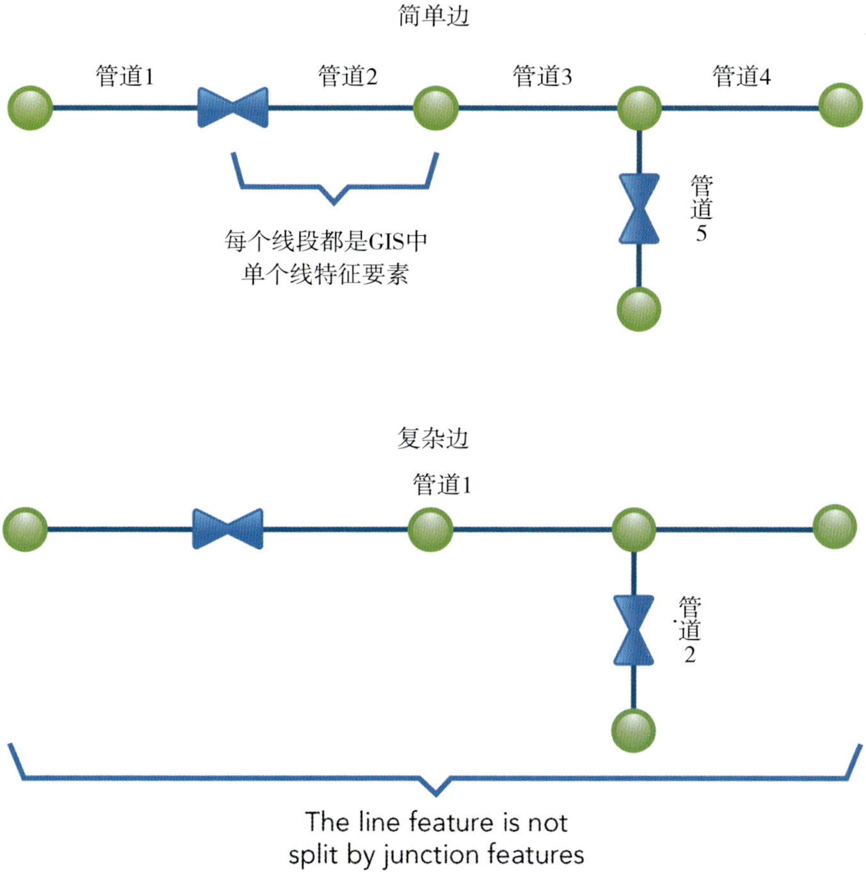

图 3－7　简单边和复杂边。创建者为 IDModeling 公司的 Brian Lendt，Jerry Edwards 和 Rajan Ray

3.2.2　特征要素的行为特性

使用拓扑规则进行最初的 GIS 连通性检查之后，可以构造一个几何网络。在几何网络中，可以创建一系列的行为规则，以确保所有的线都连接到适当类型的点。例如，可以创建一个行为规则，来确保大型管道只可以通过“异径管接头”特征要素连接到较小的管道。还可以规定另一个行为规则，即消火栓特征要素只可以连接到被定义为消火栓管道的端点。

一旦构建了几何网络，点特征要素就被插入到任何线的端点处，先前并不存在点特征要素。对于插入的汇接点，应当采用施工图纸予以核对，以确认管件、阀门或者其他资产需已添加到 GIS 中。如果插入的汇接点处不存在资产，只要它们具有相同的特征（即相同的材料、直径和施工日期），则应当将相邻的管道合并成一个管道。一旦相邻的管道已经被合并，插入的汇接点将被自动删除。对于这种情况，应当制定相应的工作流程。

几何网络确定了点和线要素之间的拓扑关系。如果管道或者点特征要素被移除，则相关的拓扑特征要素也会被删除。对几何结构的编辑，将自动保持连通性，例如，如果移动了一个节点，相连接的管道端点也将移动。相反地，当在管网中添加了一个管道时，一个默认的或者用户指定的点特征要素（例如，管件、消火栓或者阀门），就会被自动地添加在该管道的末端处。

3.2.3 建议

构建模型之前，应当将缺失的 GIS 属性数据输入到 GIS 数据库中。此外，必须对所有的 GIS 特征要素进行检查，以确保每一条记录都有一个唯一的 ID。

几何网络的设计与构建，并不是一项简单明了的任务。公用事业单位应当请求富有经验的 GIS 专业人士和建模工程师提供协助。

在以 GIS 为中心的水力模型中，模型的内部表示被存储在一个地理数据库中，而元素之间的连通性采用几何网络维护的。此类模型仅在水力模型中才有可能维护几何网络。然而，为确保尽可能平稳地从 GIS 到模型进行过渡，应当在两个系统中同时维护几何网络。

3.3　水力模型的连通性

一旦建立了几何网络，GIS 数据就可以被转移到水力模型中。可用的转移工具取决于使用的建模软件。大多数水力建模软件，可以从 ESRI 地理数据库、文本文件、数据库文件（. dbf）和形状文件（shapefile）中，将数据转移到水力模型中。然而，为了可持续的集成，应当使用以 GIS 为中心的水力建模软件（见第 5 章），在 GIS 和水力模型之间建立一个动态链接。

在水力建模软件中提供的工具，还可以进行连通性检查，以确保导入 GIS 数据库时不会引入错误。在 GIS 进行了拓扑结构检查之后，大多数连通性错误会得到解决，拓扑结构正确的 GIS 还应当在水力建模软件中得到验证。

需要检查的错误，包括孤立管道和节点，即没有连接到该系统的模型元素（见图 3 －8）。

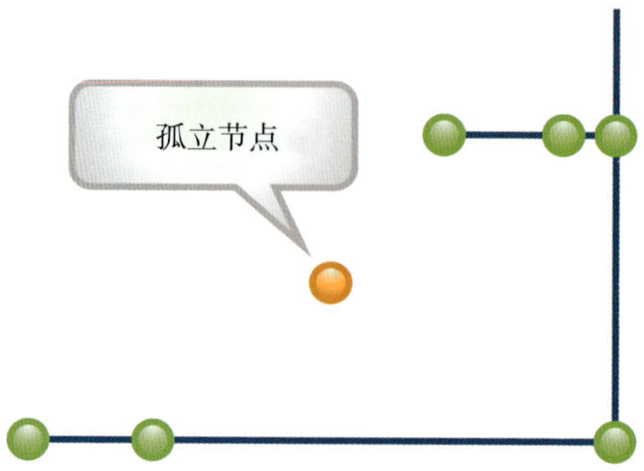

图 3-8　孤立节点。创建者为 IDModeling 公司的 Brian Lendt，Jerry Edwards 和 Rajan Ray

另一项检查包括，确定那些位于另一个节点上方的节点，或者位于应当合并为一个节点的两个或者多个相邻节点上方的节点（见图 3-9）。

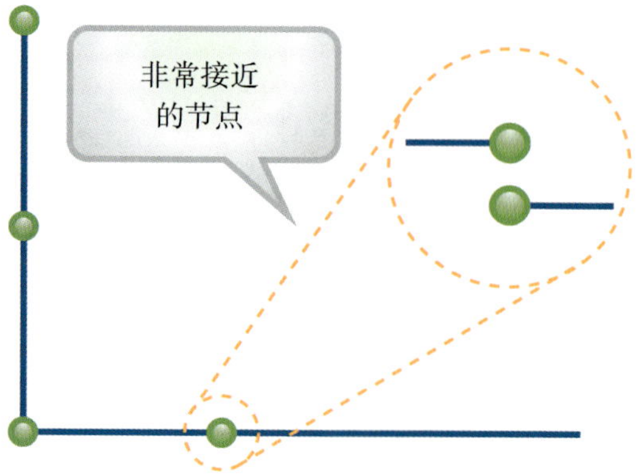

图 3-9　应当被表示为一个节点的两个节点。创建者为 IDModeling 公司的 Brian Lendt，Jerry Edwards 和 Rajan Ray

靠近一条管道的节点，可能是为了作为沿着该管道的节点（见图 3－10）。为了进行消防流量分析，给水总管必须被相交叉的消火栓支管分隔开。

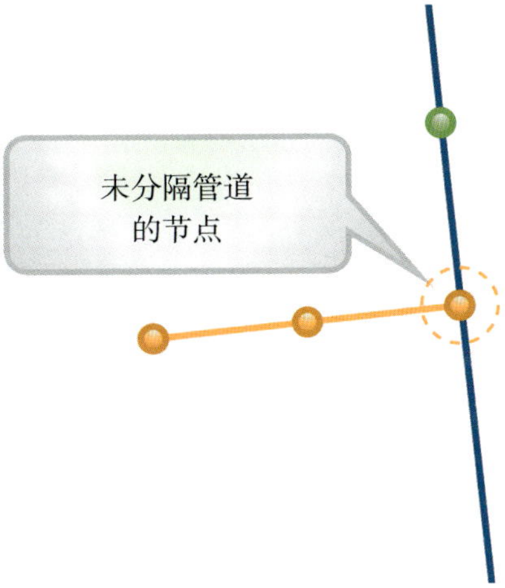

图 3－10　候选的管道分隔点。创建者为 IDModeling 公司的 Brian Lendt，Jerry Edwards 和 Rajan Ray

管段的直径可能不正确（见图 3－11），或者缺失。许多水力建模应用程序中包含有相应的工具，可以用于确定相邻管段之间的直径差异。如果没有施工图纸或者其他资料来源可用，可能需要对存在问题的管径进行现场调查。在两个具有相同管径的相邻管道之间缺失的管径，可以通过内插值方法得到。

如同 GIS 拓扑规则一样，水力模型中管道也不得和其他管道重叠（见图 3－12）。平行和重叠管道不一定是错误的，因为在配水系统和集水系统中的确存在这样的结构布局。它们在直观上可能很难被发现，应当给予标记。

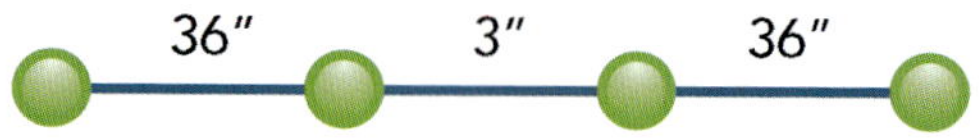

图 3-11　管径差异。创建者为 IDModeling 公司的 Brian Lendt，Jerry Edwards 和 Rajan Ray

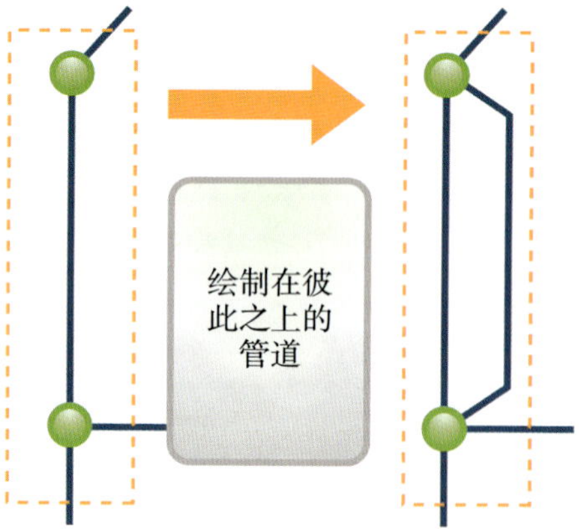

图 3-12　重叠管道（左边）和解决后的排列结构（右边）。这种排列结构还应当在 GIS 中予以验证。创建者为 IDModeling 公司的 Brian Lendt，Jerry Edwards 和 Rajan Ray

清理与 GIS 集成的水力模型，这项任务需要由非常熟悉该模型的人非常小心地执行。此人可以获得任何必需的额外的地图、数据和人员，以便使 GIS 和模型与现实世界尽可能紧密地匹配。

对水力模型的所有编辑，都必须传递到 GIS 中，或者以其他方式反映到 GIS 中，以避免这两个平台之间的不匹配。如果发现新的信息或者修正的信息，应当相应地更新 GIS（见第 4 章）。

3.4　结　论

在 GIS 中，网络连通性是为了方便 GIS 和水力模型的集成，其重要性无论怎么强调都不为过。水力模型需要点和线的连通性。因此，从一个已经确定了连通性的 GIS 开发出来的那些连通性，将会节省模型开发与维护的时间。先进的拓扑和几何网络工具，可以帮助确保 GIS 数据的空间完整性。在几何网络中使用复杂边来表示管道，消除了水力模型中保持特征要素（如非控制阀）的需要，减少了模型的构建、维护和计算机处理所需要的时间。

【进一步的读物】Further reading

Edwards, J. A., Koval, E. J., Lendt, B. W., and Ginther, P. G. February 2008. Distribution System Model Development and Maintenance Using GIS, Guidelines and Recommended Procedures. Black & Veatch internal whitepaper. Kansas City, MO.

Edwards, J. A., Koval, E. J., Lendt, B. W., and Ginther, P. G. November 2009. GIS and Hydraulic Model Integration: Implementing Cost-Effective Sustainable Modeling Solutions. Reprinted from JournalAWWA, Vol. 101, No. 11, pp. 34 –42.

Moore, P. B., Harrington, D. A., Hauffen, P. M., Ray, R., and Tejada, R. W. September 2008. Avoid the GIS-Model Disconnect:

Identifying the Major Hurdles Associated with Hydraulic Model Creation and Updating from GIS. IDModeling whitepaper. Arcadia, CA.

Ray, R., Moore, P. B., Harrington, D. A., and Hauffen, P. M. June 2008. The Achilles' Heel of GIS-built Hydraulic Models: Maintaining/Updating a Model from GIS Data. AWWA Conference Proceedings. Denver, CO: American Water Works Association.

Zeiler, Michael. 1999. Modeling Our World: The ESRI Guide to Geodatabase Design. Redlands, CA: ESRI Press.

第4章 集成实务

GIS 和相关技术取得的主要进步，已经使水力模型构建与维护更有效率。尽管水力模型和 GIS 的集成正变得越来越普遍，在这两个系统之间建立一对一的 GIS 关系，依然是一件富有挑战性的工作。几乎没有公用事业单位，能够在不造成“数据断开”的情况下，在水力模型和 GIS 之间建立起可靠的长期关系。

数据断开指水力模型所做的数据改变未反映到 GIS 中。当模型后来被更新时，GIS 可能会重写先前修改的值，新数据会删除。一些 GIS 数据库，在设计时没有考虑到水力建模的问题。因此，对于识别、跟踪和解决这些数据断开没有最佳的数据库结构。

水力模型包含有典型特征要素和属性，这在 GIS 中通常不使用，如详细的设施管道系统（见第2章）、泵特性曲线、泵控制、需求类别、拟建设施等。因为可持续的集成需要最高质量的数据，应当非常小心地处理一般性 GIS 数据，并进行质量控制。换言之，需要解决一般 GIS 的问题，使其为水力建模做好准备。

图4-1说明了 GIS 数据向水力模型迁移的过程（比较图3-1）。随着关系变得更加可持续，数据迁移过程变得更简单了。

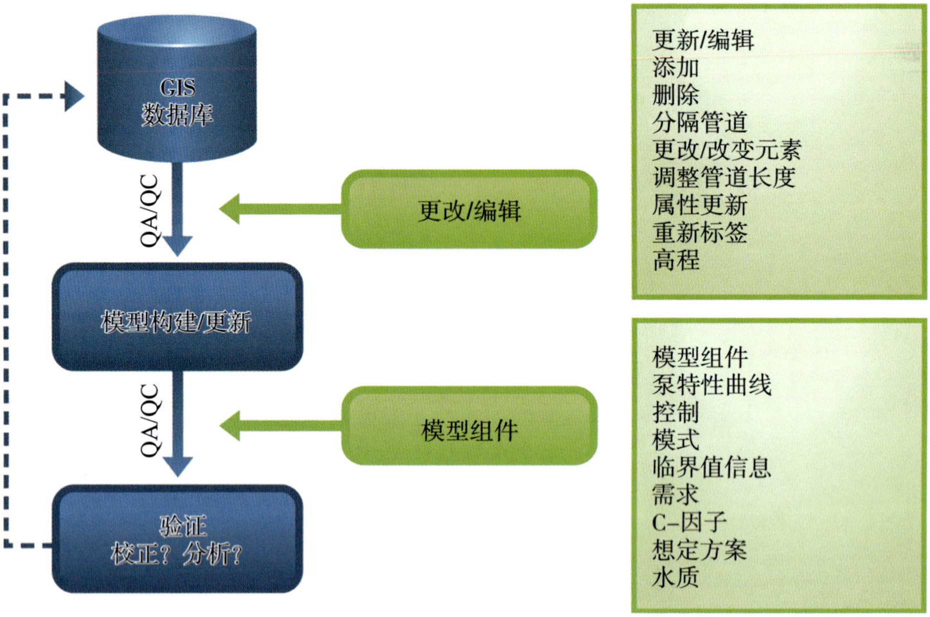

图 4-1 从 GIS 向水力模型进行的数据迁移。QA：质量保证；QC：质量控制。创建者为 IDModeling 公司的 Rajan Ray，Rebecca Tejada，David Harrington 和 Paul Hauffen

要为水力建模准备好 GIS，不但需要解决现有的问题，而且还需要建立必要的程序，以防止产生损害一对一关系的新问题。

知道通常会出现什么障碍，可以使公用事业单位，在尚未深入进行集成前就能够解决此问题。理想情况下，应当在进行集成前就解决，而不是在百忙之中抽空处理。后一种方式可能只会导致临时性的解决方案，或者变通式的应急措施。下面讨论的策略，用于主动解决集成过程中的常见错误。

4.1　建立共识

一个成功的集成面临的最大挑战是，在公用事业单位各部门没有创建和维护 GIS 的专门人员。水力模型的建立和维护，涉及许多不同的数据源。这些数据源之间的通信协议，并不总是在模型与 GIS 进行集成前就已经建立。这使得难以及时解决 GIS 中的问题。

第一个重要步骤是集中所有的利益相关者和决策者，讨论模型预期的应用方式，并对共同的优先次序达成一致。跨部门协调全部工作，以便有效地解决在 GIS 中的问题，这需要上级管理部门同意投入必需的时间和资源，开发一个共享的、相互一致同意的行动方案。确立一个共同的目标和一套经过上级管理部门批准的跨组织的优先次序，对于任何 GIS 成功的集成都是必不可少的。

达成共识，涉及各方理解集成的好处，这在整个组织机构中会有不同。例如，建模者可能会发现为了更精确地加载和校准需求，集成是必不可少的。GIS 管理员可能会发现，水力模型要求的严格质量控制，将会为其他潜在的应用提高数据质量，如地图绘制、资产管理系统的集成、空间分析。集成还可以提供额外的功能，例如可用于整个组织的网络跟踪。

通常情况下，GIS 集成简化了建立和维护精准水力模型的过程。这个过程最终会创建一个可持续的水力模型，并且在 GIS 内部可定期更新，而不是每隔几年就需要重建。对于公用事业单位的运营、规划、工程、计费等部门来说，最新的水力模型也会提供很多好处。

一个模型就绪的GIS，通常还能够满足其他许多潜在的GIS应用。例如，水力模型结果可以更容易地迁移回到GIS，随时提供对关键数据的访问，故障风险的分析、研究和开发的优先级次序、资本改善方案等。

对水力模型的最终用途应当清楚地确定。在减轻未来的障碍方面要有一个一致的目标。在没有达成一致的情况下，有些利益相关者可能会最终被排除在外，这会导致并非最优的集成。充分了解水力模型当前和未来的用途与用户，有利于充分合适的规划。处于规划阶段的组织机构，可以受益于专业顾问以及成功实施了GIS集成的公用事业单位的经验。

4.2 建立唯一的ID

在一些公用事业GIS数据库中，一个特征要素类可能包含多个具有相同ID的元素。例如，在管道图层中，几个管道可能都会被列为100。没有唯一的ID，水力模型元素就不能准确地连接到GIS的特征要素，这使得它们成为GIS集成的关键。

通常情况下，建立一个与GIS集成的水力模型，为引入新系统来分配ID的唯一性提供了机会。GIS数据库中，被导入到水力模型中的每个元素必须有唯一的 ID。并且对于一个给定的元素，此 ID 应当保持不变。应当小心，不仅要确保 ID 字段（管道分隔点除外）不会改变，还应确保该 ID 字段不会被重建索引（重建索引，将会破坏 GIS 特征要素和相应的水力模型特征要素之间的链接）。此外，一个唯一的 ID 应当永远不会被另一个元素重复使用，即使该 ID 的原始元素已被从 GIS 系统中删除。

一个更加复杂的 ID 系统，会包括通过元素的前缀识别类型（例如，FH 用于消火栓，PRV 用于减压阀）。在一些公用设施中，ID 包括位置编码（例如，市政编码、基础图网格和压力区）。

在建立和维护资产 ID 时，应当遵循下列准则：

（1）不要使用内部数据库 ID，或者地理数据库 ID，因为它们会被 GIS 应用程序自动重新计算。例如，OBJECTID 属性由地理数据库内部使用，有时偶尔会被 ArcGIS 软件的 ArcMap 应用程序重新计算。这种重新计算（重建索引）将会打断 GIS 的 ID 和水力模型 ID 间的联系。

（2）在切换至新的资产 ID 系统过程中，维持原有资产 ID。如果它们被链接到旧的“竣工”文件或者现场地图册，现场工作人员可以参考它们。

（3）确保只有一个应用程序（GIS，CMMS 等）分配新的资产 ID。该功能应当由同一个人执行，以确保一致性和连续性。此外，各种不同的应用程序可能以不同的方式定义一项资产，牢记这一点可以有助于避免混淆。例如，一个资产清查数据库，可能会跟踪一个计量表或者水泵，记录该组件的使用寿命，即使它被移到一个新的物理位置。另一方面，一个客户信息数据库，可能会通过实际的街道地址或者账单地址，跟踪一个计量表及其计费信息。

4.3 选择相关的 GIS 数据并填补空白

当根据 GIS 建立水力模型时，建模者面临的最艰难的挑战之一是，确定在模型中要包含哪些元素，以及应当排除哪些元素。GIS 可能包含有水力模型不需要的元素（例如，废弃的管道或者水箱溢流管）。导入没有关联的元素，将会创建出过于庞大的、不具有连通性的模型。GIS 可能还缺少水力模型元素，如增压泵管道系统的详细资料、互相连接关系、拟建设施等。

对于应当包含哪些特征要素，应当达成一项协议。GIS 必须包括所有管道元素末端的点元素，并应当满足所有其他水力模型拓扑要求。建模者使用 GIS 数据字段，必须能够查询出所有要包含在水力模型中的元素。通常情况下，这涉及以下内容：

（1）创建一个字段，命名为 IN_ GIS，并为所有的 GIS 特征要素分配一个值 YES。

（2）创建一个字段，命名为 IN_ MODEL，并为被建模的特征要素分配一个值 YES，不会被建模的特征要素分配一个值 NO（例如，被废弃、闲置不用、未被公用事业单位提供服务等诸如此类的状态类型）。

如果想得到多种类型或层次的建模提取状态，则可以建立更加具体的属性字段。

4.4　获取精确的高程数据

不精确的高程数据，可能会导致水力模型结果和真实系统运行数据之间的显著差异。高程数据来自不同的坐标系或者垂直基准的数据源时，或者来自低分辨率的等高线图（例如 20 英尺对 2 英尺的等高线）时，或者来自低分辨率的数字高程模型（DEM）（例如，30 米对 3 米的分辨率，见图 4－2）时，就会出现这些不精确性。手动输入数据（例如，从硬拷贝的地形图），也会导致高程误差。表示地面高程的数据，应当和表示地下基础设施实际高程的数据加以区别。

大多数商业水力建模软件包，允许用户使用内置工具，自动填充高程数据。这些工具可以整合来自不同数据源的高程数据。然后，建模者可以将水力模型网络覆盖在高程表面模型上，以快速地识别出任何高程数据异常。

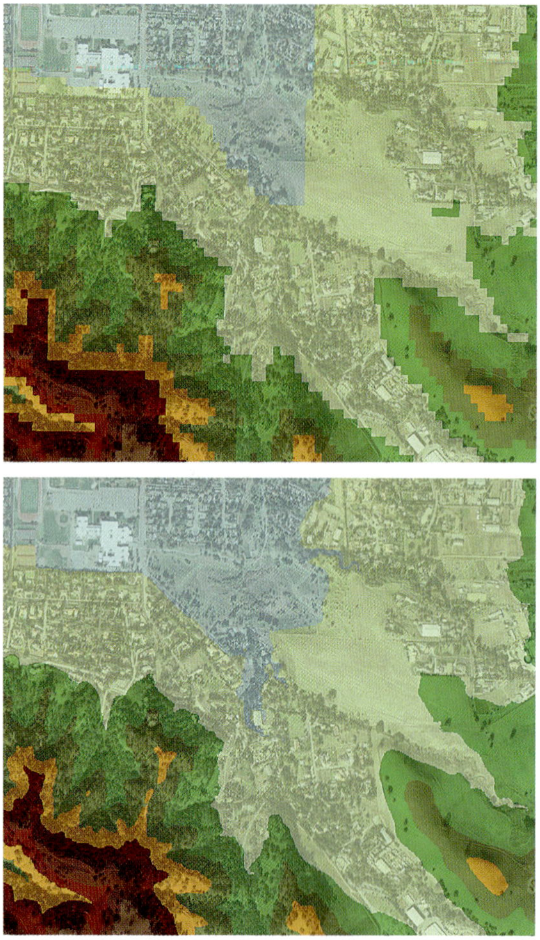

图 4-2 （A）低分辨率数字高程模型（30 米）；（B）高分辨率数字高程模型（3 米）。创建者为 IDModeling 公司的 Rajan Ray，Rebecca Tejada，David Harrington 和 Paul Hauffen

4.5　确保连通性

正如在第 3 章中所概括的，拓扑和几何问题可以极大地影响集成过程。如果 GIS 中的连通性和拓扑结构未能准确表示系统中的情况，就将会降低水力模型输出结果的精确性。

公用事业单位的工作人员，应当彻底清查 GIS 元素，以验证正确的连接。软件平台，如 ArcGIS，InfoWater，WaterGEMS 和 InfoWorks WS 软件，提供工具用于发现并解决连接问题。应当记录这些问题，并告知 GIS 的工作人员，首先在 GIS 中得到解决，以便后续水力模型的更新资料将会包括修正后的数据。

使用严密的、明确定义的公用设施数据模型，可以在创建与维护的各个方面建立网络连通性。

4.6　确保特征要素兼容性

有些 GIS 特征要素类型，可能并不直接转化为水力模型元素类型。例如，隔离阀通常被建模表示为隔离阀位置的汇接点，而不是真正的阀元素。最近，有些软件包已经引入了隔离阀元素。例如止回阀，在建模过程中最好不予以考虑。对于大多数水力建模应用程序，在 GIS 中被表示为一个点的止回阀，在水力模型中可以被表示为基础管道的一个属性。

GIS 还可以将多个模型类型（子类型）结合到一个特征要素类中。例如，阀门特征要素类可包括系统阀、蝶形阀、隔离阀、分立阀、闸阀等。如第 2 章中所讨论的，应当制定一个流程，便于将 GIS 的特征要素转换为相应的水力模型元素，以保持一对一的关系（例如，将非控制阀表示为节点，而将控制阀表示为阀门）。

将 GIS 的特征要素转换为相应的水力模型元素时，如果无法使用 GIS 的字段把它们查询出来，这种转换可能会很困难。第 2 章中的表 2－1，列出了 GIS 的特征要素种类以及它们的水力模型元素类型。

在特征要素种类的表单中，可以使用新的字段来方便转换，但是它们需要建模者初步确定，然后反向链接到 GIS。如果有必要，CIS 可以使用被称为 MODEL_ TYPE 的字段，具体说明哪些元素将会是汇接点对阀门、水泵对汇接点等。如果 GIS 数据可以很容易地使用现有的 GIS 字段进行排序，通常就不需要附加字段。

4.7 设施的表示

水力模型设施包括蓄水库（水源）、水箱（储水）、泵站、水井和水阀（如减压阀和压力安全阀）。在 GIS 中，通常不包含这些水力模型元素的必要细节。例如，GIS 可能用单个点特征要素来表示整个泵站（其中包含有多个水泵）。同一个泵站，在水力模型中需要表示出更多的细节信息。

必须制定出明确的计划、进程和工作流程，解决 GIS 如何表示系统设施的问题。图 4－3 给出了水力模型表示两个泵站所需要的额外细节，而在 GIS 中，这两个泵站被表示为沿着同一条线元素的两个点。

增压站设施有时包含在 GIS 中，并具有水力模型所要求的细节信息。但是，该模型还需要井场周围管道系统和蓄水库（水源）元素的额外信息（通常未包含在 GIS 中）。

有时候，设施不需要以现实方式进行建模描述，目的是为了增进水力模型的稳定性和性能。例如，对两个恰好平行的水箱按照实地情况进行建模，可能会导致水力仿真过程中出现收敛误差。变通的解决措施是，在水力模型中创建单个具有等效水力的水箱。

明确的计划应当说明水力模型设施如何绑定至当前的 GIS 元素，以及如何追踪仅用于模型的元素。包含仅用于模型元素的水力模型，被简称为 1∶1＋，以加号表示需要 GIS 之外的数据。仅用于模型的元素（有时被称为虚假管道或节点），应当用 GIS 数据库进行存储，建议采用单独的特征要素数据集或者企业级 GIS 数据表单。该数据表单仍然链接到 GIS，不要增加不必要的复杂性，或者允许其他 GIS 终端用户意外使用。

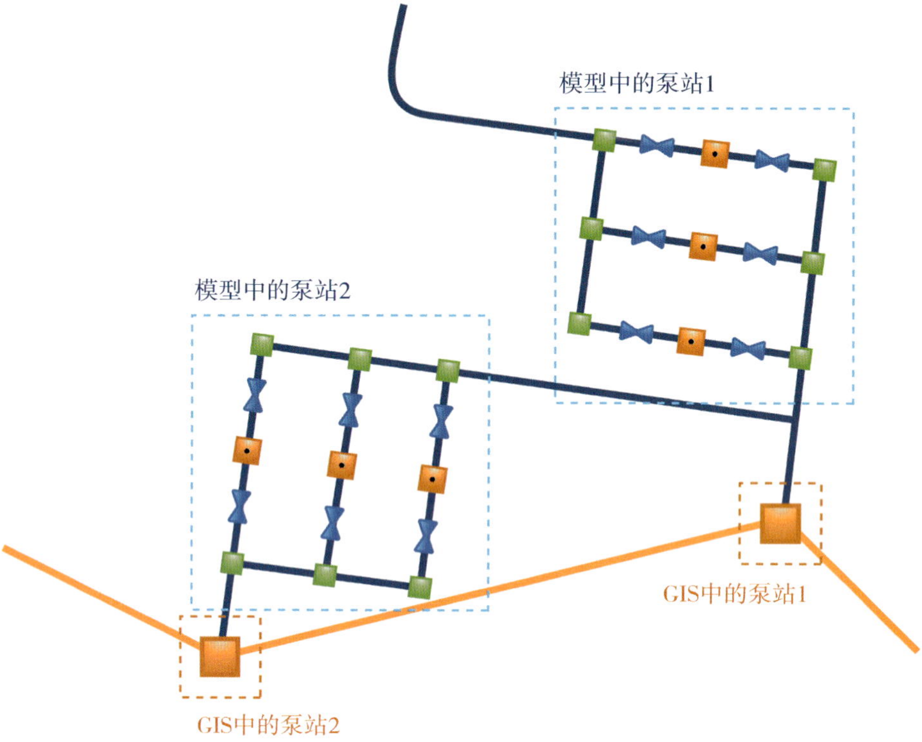

图4－3　在GIS中被表示为点的设施，在水力模型中通常表示得更为详细。创建者为Black & Veatch公司的Edward Koval，Paul Ginther，Adrianne Black，Jerry Edwards和Brian Lendt

4.8　集成新的数据

为了简化基于 GIS 的水力模型更新，跟踪已经改变的数据及改变的时间是非常重要的。每次更新模型，而不是仅仅更新已被改变的数据，会更加耗时，并会引入错误。模型还需要未基于 GIS 的信息进行更新，就像管径与实地验证并不一致。在 GIS 中，需要进行相应的改变。在 GIS 中识别并跟踪关键数据字段，可以显著地简化模型更新。关键数据包括需求节点、管道粗糙系数、消防流量节点和消防需水量等。如果最新的模型建成后，系统有 90% 或者 90% 以上都保持不变，则信息可以直接从 GIS 中收集。在 GIS 中跟踪关键数据，有助于确保旧版本的模型工作不会丢失。

4.9　在仿真中为设施设定正确的状态

水力模型包含多种场景和数据集（备选方案）。数据集是场景构建模块的一部分。包括场景仿真和为仿真所做的数据描述和配置。管道、水泵和阀的状态（无、关闭、打开）是数据集的一个例子。在压力区边界上的分立阀需要一个关闭的状态。在模型更新过程中，新添加到模型中关闭的分立阀，在所有的仿真中都必须设定一个关闭状态，以便使模型正确地运行。

数据集还包含有“Active Facilities”（有效设施）字段，用于表明水力模型元素对于具体的仿真是否有效或者无效。新添加到模型中的水泵，应当在现有的仿真中给予一个关闭（或者无效）状态，因为这些水泵在这些仿真中并未运行。

4.10 计量系统需求

准确的用水量仿真——其在整个配水系统中是如何分配的，及其如何随着时间变化——如同对物理设施的准确表示一样重要。水力模型水需求量的估计和分配，是一项复杂的工作。

对于为水力模型设定需求量来说，个人客户的计量数量（见第1章）被认为是最可靠的数据。大多数以GIS为中心的水力建模软件包，包含有专用工具，可以将个人客户的需求量分配至最近的节点或者管道（并将其在两个管道端点或者汇接点之间进行分摊）。有些软件包，还允许根据行业公认的方法分配漏水量。需求模式是建立在压力区和/或客户类（住宅、商业、工业等）的基础上的。

4.11　验证更新后的模型

在进行了重要更新之后，应当验证修正后的水力模型。模型验证包括，将模型中的水箱水位、泵站流量、压力等和记录的字段值进行比较，以确认模型可靠地模拟了实际情况。自最近一次更新之后，操作程序或者规则中的任何变化，都应当被包含在模型中。公用事业单位可以选择执行更加广泛的校准，以在模型中获得更大的置信度。使用来自消火栓流量测试或者 C－因子测试的数据，可以有助于解决连通性或者属性差异的问题。全系统的延期校准，可以确认是否正确地执行了对模型边界条件和控制的更新。

4.12　添加修改

验证和质量控制检查可能表明，模型需要对连通性或者属性数据的修改。常见的偏差包括，空缺或者错误的直径值、错误的材料类型和错误的阀状态（打开/关闭）。建模特有的属性，例如 C－因子、节点需求和压力区名称，可能也需要修改，而且可能需要添加新的字段，以俘获建模结果（例如，可利用的消防流量、静压或者平均流速）。

4.13 将变化从模型导出至 GIS

通过红线地图，或者通过 GIS 中需要更新模型数据的出口，可以用水力模型的变化手动更新 GIS。大多数以 GIS 为中心的水力建模软件包，可以用来导出形状文件（shapefile）。自最近的更新以来，直径已经变化的管道可以被挑选出来，放入形状文件中。有些软件包提供了“同步输出”功能，可以同步模型中的字段与 GIS 中相应的字段。

4.14 结　论

一个良好的水力模型，可以使用许多年，用来进行总体规划、风险分析、消防流量评估、水质评价和许多其他用途。通过精心规划，由 GIS 数据创建并更新水力模型，可以相对简单和高效。最重要的步骤如下所示：

（1）在利益相关者之间，建立一个共同的愿景（包括数据设计）。

（2）制定一个标准的方法，为所有的公共设施资产分配唯一的 ID。

（3）清理 GIS 数据，获得适合于不断发展中的水力建模的数据集。

（4）定义拓扑规则，确保数据库的完整性。

（5）从水力模型中，将修正的新增特征要素和属性迁移至 GIS。

每个公用事业单位都有其独特的数据、需求、挑战和应用的组合，很多都可以从顾问人员、其他公用事业单位、软件供应商等的专业知识中受益。大多数常规的同步程序，可以实现自动化。规划模型开发和识别潜在障碍所花费的时间，将会用得其所，因为必要的准备工作将直接提高模型的质量和性能，并降低将来修改模型的成本。

【进一步的读物】Further reading

Edwards, J. A., Koval, E. J., Lendt, B. W., and Ginther, P. G. November 2009. GIS and Hydraulic Model Integration: Implementing Cost-Effective Sustainable Modeling Solutions. Reprinted from JournalAWWA, Vol. 101, No. 11, pp. 34 – 42.

Moore, P. B., Harrington, D. A., Hauffen, P. M., Ray, R., and Tejada, R. W. September 2008. Avoid the GIS-Model Disconnect: Identifying the Major Hurdles Associated with Hydraulic Model Creation and Updating from GIS. IDModeling whitepaper. Arcadia, CA.

Ray, R., Moore, P. B., Harrington, D. A., and Hauffen, P. M. June 2008. The Achilles' Heel of GIS-built Hydraulic Models: Maintaining/Updating a Model from GIS Data. AWWA Conference Proceedings. Denver, CO: American Water Works Association.

第5章
用于模型维护的地理信息系统工具

前面的章节，介绍了成功的GIS集成所需的最佳基本做法。本章提供了一些模型维护的策略和现成软件工具的实例，以支持用GIS数据集成的水力模型。

5.1 更新模型

在实施模型维护策略前，应当考虑更新的速率。该速率主要取决于公用事业系统中设施发生变化的速度和水力模型的预期用途。这包括向系统中添加新设施（水井、水箱、水泵等）的速率，还包括管道修复和更换计划的速率。此外，整个系统中人口和就业的波动，可能会导致对需求量显著的再分配。经历了快速增长的公用事业单位，应当按照固定的时间表来更新水力模型，通常为每半年、每年或者每两年更新一次。此外，重要的商业和住宅建筑施工，可能迫使根据需要进行更新。

5.1.1　定期维护

传统上，水力模型已经根据需要进行了更新，并且或多或少是及时的静态快照。在许多情况下，水力模型可能仅在公用事业系统总体规划升级的过程中进行更新，这可能会每五年发生一次。这种更新通常包括：添加最新兴建的管道和设施、删除废弃的管道和设施、更新模型需求以及对更新后模型的验证或者再校准。有一些 GIS 和水力建模工具可供选择，用于识别新的物理元素，并将其添加到模型中。

更新已被修改或者修复的元素是一项具有挑战性的任务，如果模型中的管道不具有和 GIS 管道相同的拓扑结构，则需要手动检查受影响的管道。GIS 和水力模型之间的一对一关系，会降低这些挑战。

5.1.2　重建模型

一些公用事业单位，选择直接从 GIS 重建整个水力模型，将之作为他们的首选解决方案。改善 GIS 数据质量，坚持模型维护程序（拓扑规则）和利用模型构建软件工具，都有助于成功的模型重建。这种方法消除了管道与设施更新或更换相关联的挑战，确保模型反映了当前最新的 GIS 数据。通过在 GIS 数据库中添加模型特有的信息，可以简化模型重建（见第 2 章和第 4 章）。

5.2 以 GIS 为中心的水力建模软件

为了逐步更新模型，必须使用适当的数据属性字段，只修改最近构建模型在 GIS 中被更改的元素（新的、废弃的和修改的特征要素）。如第 1 章中所讨论，大多数市面上可以买到的建模软件包都包含有一些工具，支持对水力模型的维护，模型维护程序应当充分利用这些工具。

5.2.1 InfoWater，InfoSewer 与 InfoSWMM 软件

InfoWater，InfoSewer 和 InfoSWMM 软件（Innovyze 公司）中的 GIS 网关（GIS Gateway）功能，可以用来将模型特征要素（管道、阀、管件、存储设施、水泵、水井和沙井）和表单（需求、泵特性曲线等），动态地链接至源 GIS（地理数据库或者形状文件 shapefile 格式）。这使得 GIS 可以作为模型元素的主存储库。GIS 网关在 GIS 交换集群（GIS Exchange Cluster）（见图 5－1）中包含有一个选项“删除不存在的记录”（Delete Not Existing Records）。如果一个特征要素已经在 GIS 中经过了编辑，并分配到一个新的 ASSET_ ID，旧的 ASSET_ ID 在 GIS 中将无法找到。因此，如果选择该选项并执行 GIS 网关功能，旧的模型元素将被从模型中删除。

GIS 网关还包括一个“创建新纪录”（Create New Records）选

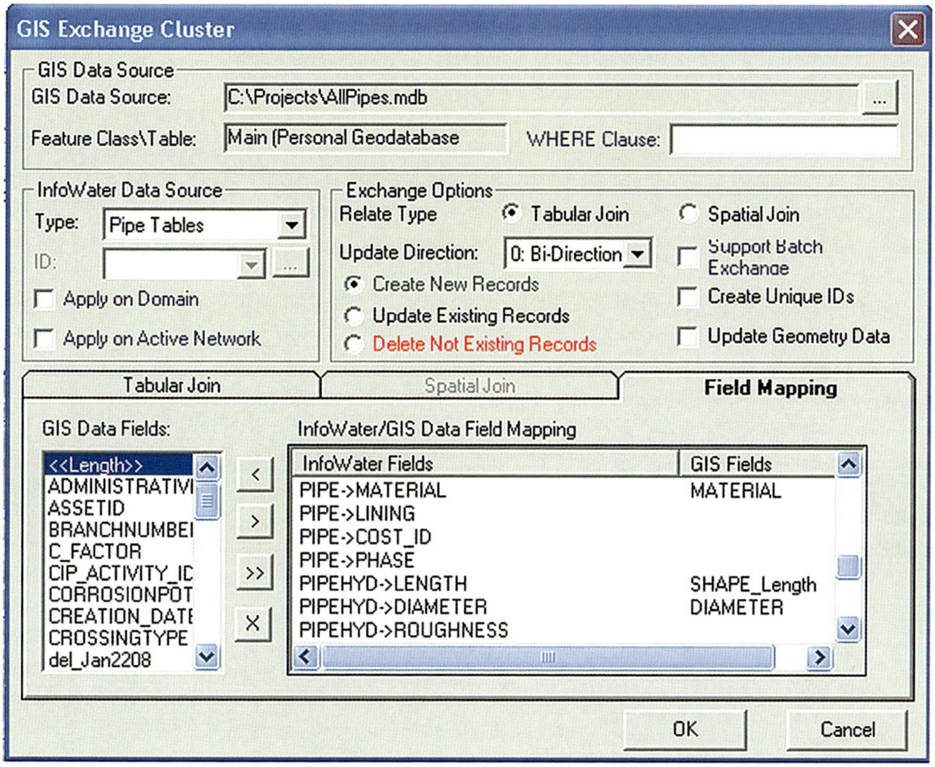

图 5－1　InfoWater 软件中的 GIS 交换集群。创建者为 Black & Veatch 公司的 Edward Koval，Paul Ginther，Adrianne Black，Jerry Edwards 和 Brian Lendt；此图由 Innovyze 公司提供

项，可将所有新的和编辑后的 GIS 特征要素转移到模型中（因为现有的模型中没有发现新 ID）。该“创建新纪录”选项不会转移 ID 和现有模型元素 ID 相匹配的 GIS 特征要素。如果在该 GIS 中没有保持管道的 FROM 和 TO 字段，管道的起点（FROM）和终点（TO）字段将使用“填充连通性”（Fill Link Connectivity）工具在

模型中进行更新。在新的和编辑后的特征要素被转移至模型中之后，应当使用连通性检查工具进行检查（孤立节点、孤立管道、邻近的节点、平行管道，等等）。

废弃的管道和修复的管道，给模型维护提出了特殊的挑战。废弃的管道应当从水力模型中删除；修复的管道应当在模型中赋予新的属性（C－因子、直径、材料等），如果它们已经被加入衬管，则还应当更新这些属性。可以使用 GIS 查询，从用于更新模型的个人地理数据库（或者 shapefile）中排除废弃的管道。当“删除不存在的记录”（Delete Not Existing Records）选项被选中时，将无法在 GIS 中找到废弃管道和管件的模型 ID，这些模型元素都将被删除。当“更新现有记录”（Update Existing Records）选项被选中时，在 GIS 中被确定为“已编辑”的新修复的管道，将和新的管道数据一起被传递到模型中。

5.2.2 WaterGEMS 与 SewerGEMS 软件

WaterGEMS 和 SewerGEMS 软件（Bentley 系统软件公司）中的 Model Builder（建模工具），可以用来从 GIS 数据源创建水力模型。WaterGEMS 软件使用一个称为 GIS_ ID 的“关键”字段，保持 GIS 中的特征要素与水力模型中的元素之间的连接，即使这些特征要素和元素已被编辑、缩减或者删除。GIS_ ID 字段目的在持续的模型与 GIS 修改过程中，GIS_ ID 减少为保持模型与 GIS 的一致性所需的时间和精力。

用户控制 Model Builder 从 GIS 向模型导入数据的方式（见图 5－2）。GIS 特征要素与模型元素，通常被称为“对象”。GIS 数据库是“源”，而水力模型数据库是“目的”。用户需要作出以下决定：

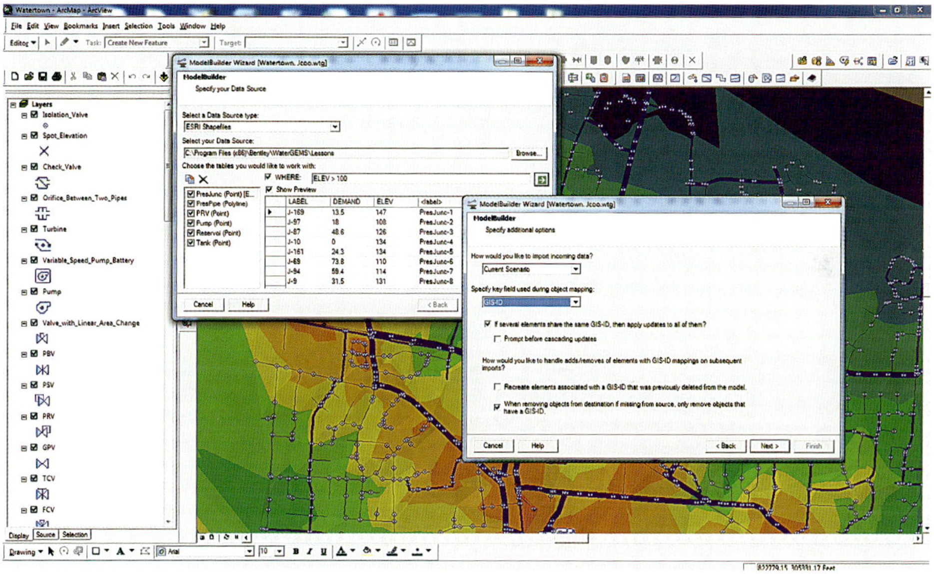

图 5－2　WaterGEMS 软件的建模工具（Model Builder）。创建者为 IDModeling 公司的 Jerry Edwards，Brian Lendt 和 Rajan Ray。此图由 Bentley Systems 公司提供

（1）如果一个对象已添加到 GIS 中，应该将其添加到模型中吗？

（2）如果一个对象已从 GIS 中删除（例如，一个废弃的管道），应该将其从模型中删除吗？

（3）如果一个 GIS 特征要素的属性已改变（例如，管道直径、粗糙度或者高程），应该改变其相应的模型属性吗？

（4）如果一个管道已经被模型中的新管道分割开，并且 GIS

属性已被编辑，应该更新所有新产生的管道的属性吗？

（5）如果 GIS 中的一个对象被从模型中删除，进行特定的分析应该将其放回模型吗？

（6）如果根据 GIS 建立了模型之后，有一个对象（例如一个拟建的管道）被添加到模型中，应该将其删除还是保留？

可以创建选择集，以便在从 GIS 更新模型时，可以追踪被添加或者修改的对象。这使用户能够在图样或者表单中查看被添加或者修改的元素。在从 GIS 更新模型之后，可以执行查询，找到任何连通性问题，如孤立节点、管道缺失的节点，或者未用管道连接的紧密靠近的节点。

5.2.3 SynerGEE Water 软件

在 SynerGEE Water 软件（GL 集团公司）中，Model Builder（建模工具）可以从 GIS 或者其他数据源导入数据。这些数据源包括 shapefile（形状文件）、CAD 文件、ARC/INFO 覆盖范围，以及个人和企业的 ArcGIS 地理数据库。该工具还可以用来建立一个新的水力模型，或者更新现有的模型。Model Builder 工具需要两个基本阶段：配置和转换。

配置阶段在一开始就定义了各种不同的信息源和从原始数据向模型数据转换的方法。为从 GIS 数据源向 SynerGEE 中导入管道数据、阀数据、泵数据、调节器数据等数据，用户创建单独的数据源定义（DSD）。GIS 数据源中的特征要素的属性（“外部属性”，见图 5－3），可以映射到 SynerGEE 软件的模型特征要素属性，也可以在模型中创建新的自定义属性，并使用 DSD 进行映射。

在转换阶段，外部数据被从 GIS 数据源导入到 SynerGEE 软件中。用户指定将要处理哪个预先配置的 DSD，以及将如何创建新的节点和设施。地理空间数据也可以加载到一个现有 SynerGEE 模型背景中，这些特征要素数据可以作为模型元素导入。在转换之前，还可以预先选定数据，从而使某些特定的设施或者区域被加入模型。当模型被逐步地更新时，这些功能特别有用。

SynerGEE 软件为解决连接问题自动生成诊断信息，并提供专门的工具用于检测常见问题。一个被称为“整体式管道检测”（Detect Unsplit Pipes）的工具，可以识别在一个节点的指定距离内但未和该节点连接的管道。“孤立设施检测”（Detect Orphan Facilities）工具，可以识别没有其他设施与其 From（起点）节点和 To（终点）节点相连的设施。“公差范围内节点检测”（Detect Nodes within Tolerance）工具，可以识别被小于用户指定的距离所分隔的节点。这些工具可以列出发现的问题，并在许多情况下提供自动纠正。

5.2.4　MIKE URBAN 软件

MIKE URBAN 软件（德国水文研究所，DHI）使用基于 XML 的语言定义 GIS 数据向模型元素的导入和转换，包括将阀和泵（作为点）以点到线的方式转换成相应的模型元素（线）。可以添加新数据，并且可以更新已有数据（见图 5 - 4）。导入（Import）工具采用分层管理，为维护和更新模型提供了灵活性。这些用于配水系统模型的工具和用于集水系统模型的工具是完全相同的。

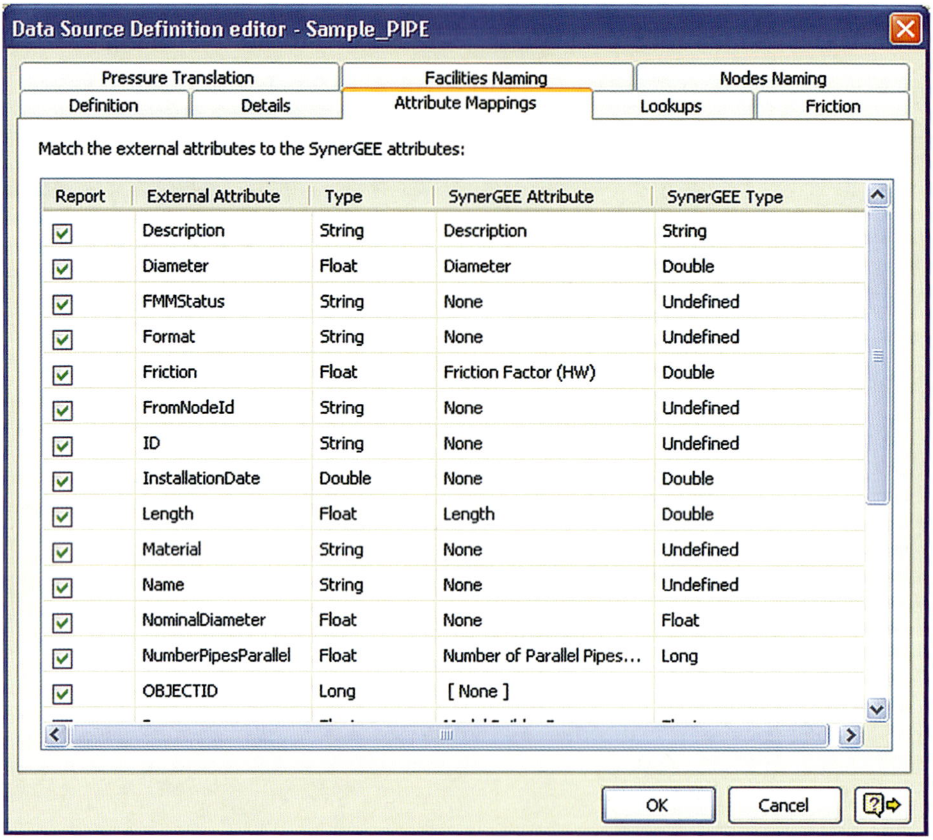

图 5 - 3　在 SynerGEE 软件建模工具（Model Builder）中的配置。创建者为 IDModeling 公司的 Jerry Edwards，Brian Lendt 和 Rajan Ray。此图由 GL Noble Denton 提供

MIKE URBAN 软件还包括一个模型同步工具。该工具可自动执行一些必要的程序，以保持水力模型与 GIS 同步。该工具比较两个 MIKE URBAN 数据库，并创建一个脚本，用于在两个数据库之间相互转移数据。第一步是从 GIS 导入数据，并保存它。在将

原始的 GIS 数据转换成水力模型数据之后，比较这两个数据集，并生成一个“配方”，用于从原数据集中取出数据到模型中。然后存储该配方，供以后使用。为了达到最大的灵活性，应当在模型被简化或者被分段处理之前完成同步。

当需要由 GIS 的新数据更新模型时，执行新的原始数据导入。然后，该工具应用之前模型重建过程中存储的配方，基本上重新

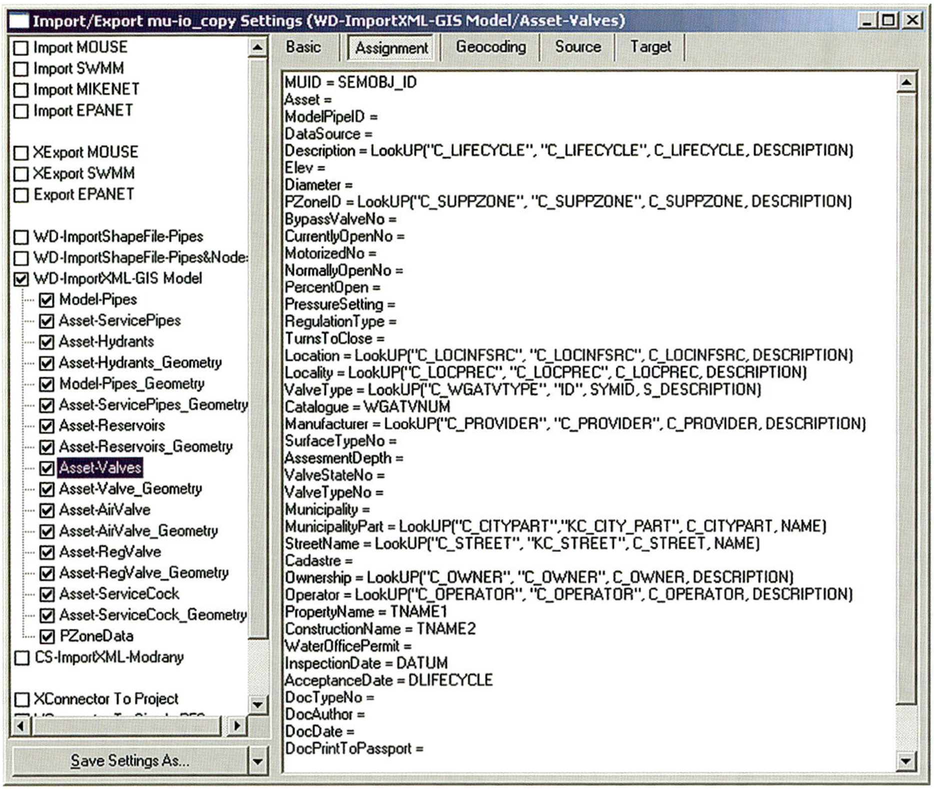

图 5－4　在 MIKE URBAN 软件中的数据导入和导出。创建者为德国水文研究所（DHI）的 Lars Christian Larsen

进行所有需要的编辑，从原始的导入数据到最终可用的模型（见图5-5）。创建预定义的GIS图层，提供不同版本设施质量控制之间的变化的概览。来自GIS的新数据被编辑到模型中，然后重新运行该工具，并以新编辑的数据修正配方。每次更新模型后，重

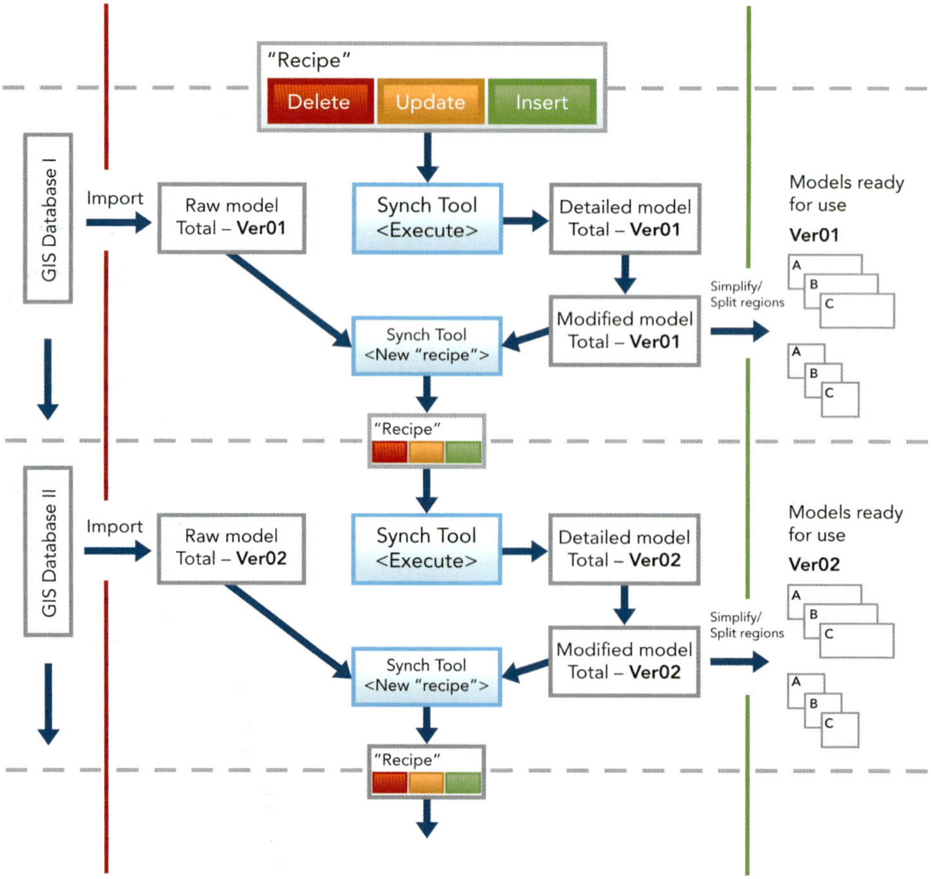

图5-5　在MIKE URBAN软件中的数据同步。创建者为德国水文研究所（DHI）的Lars Christian Larsen

复这个处理过程。

5.2.5　InfoWorks WS 与 CS 软件

InfoWorks WS 与 CS 软件（Innovyze 公司）中的“开放数据导入中心”（Open Data Import Centre）功能，允许导入节点从各种不同的数据源链接数据，包括 shapefile 文件和地理数据库。它提供了和 ESRI 产品的直接链接（见图 5－6），方便了模型建立，使得能够联合使用 GIS 数据、数据库文件（例如，Microsoft Access 或

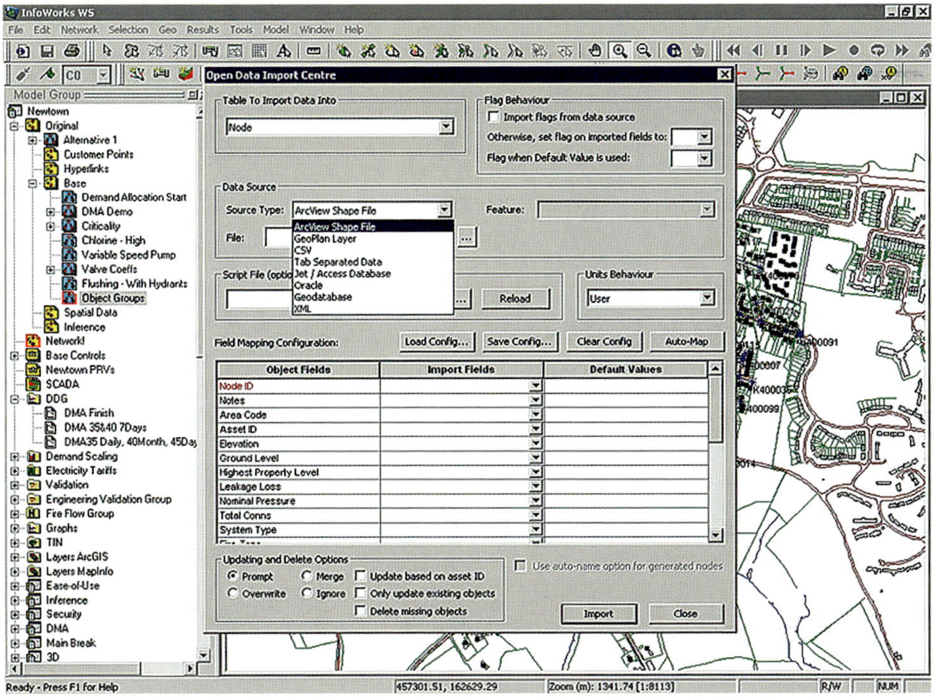

图 5－6　InfoWorks WS 软件中的开放数据导入中心。创建者为 IDModeling 公司的 Jerry Edwards，Brian Lendt 和 Rajan Ray。此图由 Innovyze 公司提供

者Excel）和文本文件（例如，逗号分隔变量文件）来自动分配需求。在InfoWorks WS与CS软件中，利用ArcObjects技术开发的工具，能够实现以下功能：

（1）使用英国地形测量局地形全景（UK Ordnance Survey Land-Form Panorama）数据集，自动导出所有节点、空间数据（例如管道爆裂、投诉）和用户位置点的高程。

（2）使用地理参考点信息（例如地址），自动分配任意节点或管道处的需求量。

（3）将任何地理参考信息（例如客户投诉和管道爆裂）纳入模型中，并将它们的分配需求量合并到最近的管道。

开放数据导入中心允许使用脚本语言（VBScript），以便更紧密地控制从GIS文件或者之前加载的GIS图层进行的网络数据导入。开放数据导入中心，还方便了将来GIS（x，y）坐标的点数据向链接进行的转换。除了开放数据导入中心之外，InfoWorks WS软件还提供了网络和工程验证工具，以识别并修复连通性问题和缺失的属性。

5.3 结　论

在本章中提出的维护策略，都依赖于对CIS特征要素的识别，包括原模型建成以来添加或者编辑过程的GIS。由于它们和GIS与水力建模软件技术的进步平行发展，维护策略将持续地依赖于GIS

数据库设计和对拓扑规则的遵守情况，并将随着所采用软件的类型、更新的频率和工作人员的技能与可用性而变化。

【进一步的读物】**Further reading**

Edwards, J. A., Koval, E. J., Lendt, B. W., and Ginther, P. G. November 2009. GIS and Hydraulic Model Integration: Implementing Cost-Effective Sustainable Modeling Solutions. Journal AWWA, Vol. 101, No. 11, pp. 34 –42.

Maidment, D., and Djokic, D. (Editors). 2000. Hydrologic and Hydraulic Modeling Support in GIS. Redlands, CA: ESRI Press.

Moore, P. B., Harrington, D. A., Hauffen, P. M., Ray, R., and Tejada, R. W. September 2008. Avoid the GIS-Model Disconnect: Identifying the Major Hurdles Associated with Hydraulic Model Creation and Updating from GIS. IDModeling whitepaper. Arcadia, CA.

Ray, R., Moore, P. B., Harrington, D. A., and Hauffen, P. M. June 2008. The Achilles' Heel of GIS-built Hydraulic Models: Maintaining/Updating a Model from GIS Data. AWWA Conference Proceedings. Denver, CO: American Water Works Association.

Scott, C., and Edwards, J. A. August 2002. Water Demand Allocation Using GIS. ESRI User Conference Proceedings. http://proceedings.esri.com/Library/userconf/proc02/pap0364/p0364.htm (Accessed January 2008).

Shamsi, U. 2002. Tools for Water Wastewater and Stormwater. Reston, VA: American Society of Civil Engineers.

Shamsi, U. 2005. GIS Applications for Water, Wastewater, and Stormwater Professionals. Boca Raton, FL: CRC Press.

US Environmental Protection Agency. January 2006. Initial Distribution System Evaluation Guidance Manual for the Final Stage 2 Disinfectants and Disinfection By-products Rule, EPA/815/B - 061002. Washington, DC: US Environmental Protection Agency.

Walski, T., Chase, D. V., Savic, D. A., Graymen, W., Beckwith, S., Koelle, E. 2003. Advanced Water Distribution Modeling and Management. Exton, PA: Bentley Systems.

WEF. 2004. GIS Implementation for Water and Wastewater Treatment Facilities. Alexandria, VA: WEF.

总　结

建立一个基于 GIS 的水力模型，是一项复杂的任务，需要大量的工具和技能人员，包括规划人员、GIS 工作人员、工程师、公用事业单位的系统操作员和管理人员。这些群体之间的协调工作是非常重要的。其目的是确保可以得到所需的信息和高质量的信息，可以有效地转移到水力模型中。GIS 数据库的设计，必须遵守合理、可靠的程序，并坚持数据输入规则。保持最新的、准确的 GIS 数据，也是至关重要的。

在选择最合适的模型时，主要考虑因素有以下几种：

①开发成本；②维护成本；③处理速度；④存储要求；⑤易用性；⑥应用范围。

计算机处理速度的提高，磁盘存储容量的增加，有利于让更多人更大程度地接受全管道水力模型。另外，详细的水力模型是一种有效的手段，可以可靠地模拟实际系统。这种手段已被要求用于为公用事业单位的配水系统初步评估［EPA（美国环境保护局）第二阶段消毒/消毒剂副产品规则］。对于管阀危害性分析、水质评估和单向冲洗，全管道模型也是很有用的。

拓扑结构（连通性），包括几何网络，应当纳入 GIS 的数据结构中，并采用本书推荐的做法。水力建模软件工具，可以用来识别并修复任何剩余的连通性问题。

利益相关者和决策者，应当讨论与 GIS 集成的水力模型可以提供的应用范围。为了成功地确定潜在的用途，多个部门和高层管理人员之间的协调也是必不可少的。

在水力模型的构建和维护中，已经证明软件工具是很有效的。公用事业单位应当花些时间，正确地设计其 GIS 和水力模型数据库，并为所有的特征要素采用唯一的 ID，必要时在 GIS 数据库中添加自定义字段。

对最佳模型的选择，将随着不同的公用事业单位而变化。按照本书中的指导准则，可以为开发可持续的水力模型制定出有效的实施流程，以协助公用事业单位避免不必要的成本。

地理信息系统（GIS）和水力建模是两项互补性的技术。通过将它们彼此整合到一起，自来水公司可以节省大量的时间和成本。为这两个系统精心设计的集成方案，可以提供对关键业务数据的迅速访问。由此带来的结果是，故障风险分析、维修和更换、容量评估、资本改善规划，以及其他的许多自来水公司应用运行的效率更高、效果也更好。《水力建模与地理信息系统》一书，明确了必须克服的各项挑战，并为实现长期可持续的综合集成提供了最佳的实践方法。

罗莉·阿姆斯特朗（Lori Armstrong）是美国环境系统研究所（ESRI）的全球水/污水处理行业经理。她已经和美国水务工程协会、水环境联合会和国际水协会进行了合作。

美国环境系统研究所出版社（ESRI PRESS）